請問一下，

您家裡總共有幾種清潔劑呢？

看一下成分表，其實有很多清潔劑很像呢。

有這麼多的清潔劑，打掃起來有比較輕鬆嗎？

有資料顯示「擁有愈多清潔劑的人愈討厭掃除」

大致區分 汙垢有4種

灰塵、
沙子、泥土

油脂
食物殘渣
身體排出的汙垢

水垢
肥皂垢

黴菌、細菌

清潔劑5種就夠了

1 小蘇打

2 檸檬酸

3 過碳酸鈉

4 酒精

5 肥皂

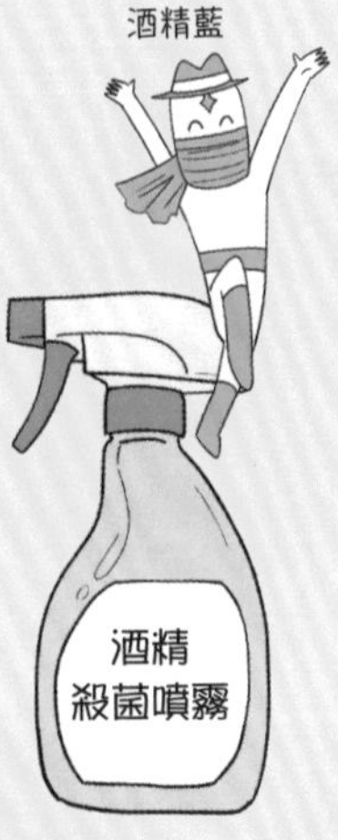

配合汙垢下對策

灰塵用

撢子

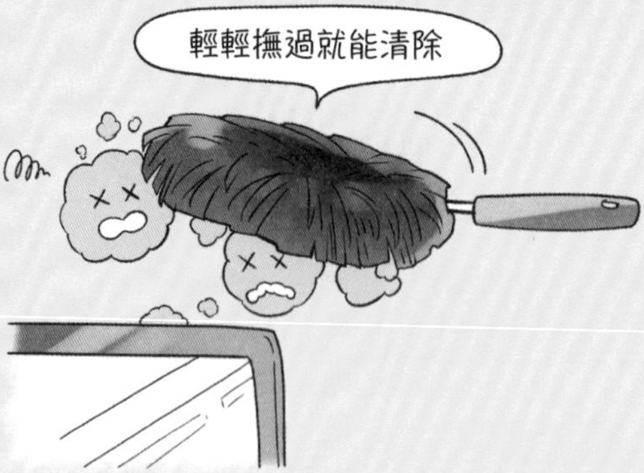
輕輕撫過就能清除

水垢用

檸檬酸

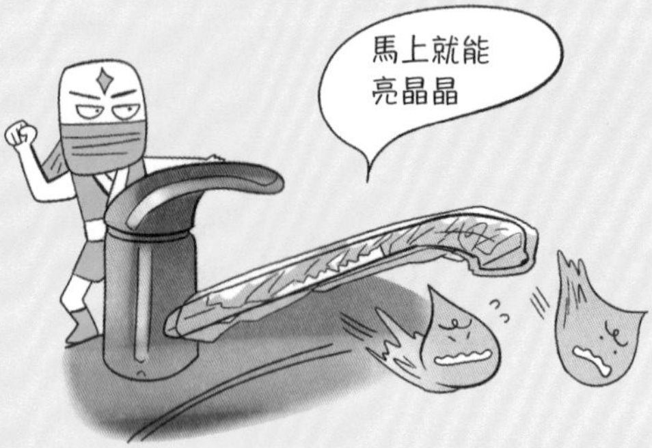
馬上就能亮晶晶

黴菌、細菌用

酒精

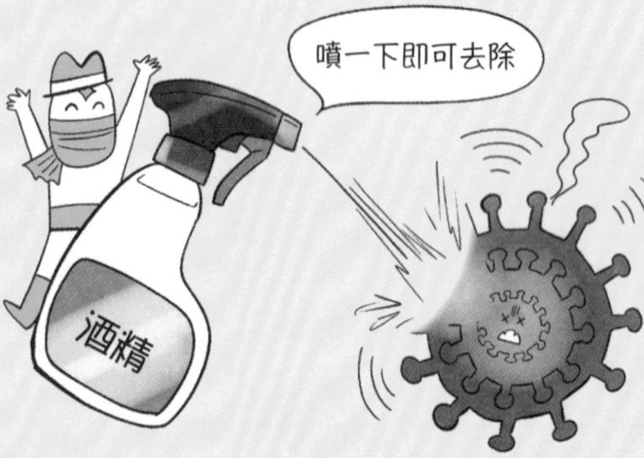
噴一下即可去除
酒精

油汙、食物殘渣用
肥皂洗一洗……

餐具
清潔用
肥皂
輕鬆沖洗

身體排出的汙垢就
用小蘇打水擦拭

不傷肌膚

黴菌、細菌還可用
過碳酸鈉解決

戲劇化的轉變
打掃變得輕鬆自在

這樣打掃會很輕鬆唷！
驚—
我都不知道……

序言

「你喜歡打掃嗎？」

為了撰寫這本書籍，我們對七百三十四位家庭主婦進行了問卷調查。

回答「喜歡打掃」的人有40％；回答「討厭」的人則有60％。

姑且不論這樣的數字究竟是多是少，當中有個傾向讓我非常驚訝。

回答「討厭打掃」的人，

他們所持有的清潔劑遠多於回答「喜歡」的人。

你家裡有幾種清潔劑呢？

浴室用、廁所用、廚房用、玻璃用、除黴用、打蠟用、洗衣用……根據場所及用途來區分清潔劑，種類真是多到令人驚訝。

大家能分清楚這些清潔劑的差異嗎？浴室用和廁所用到底有何不同？

將這些都買回家、噴一噴、努力起泡、用力擦再用力擦、沖水再沖水，最後擦乾淨。

這些事情愈做愈累，也讓肌膚變得十分粗糙，家裡卻似乎沒有像想像中乾淨。你是不是也陷入了這個困境呢？

因此變得非常討厭打掃，家裡髒了也放著不管。汙垢久了以後更加頑固，老是弄不掉。只好使用非常強烈的清潔劑，於是肌膚更乾燥……陷入了惡性循環。

這些清潔劑，幾乎都是合成清潔劑。

清潔劑對於肌膚以及地球環境，都有著不良影響……我想這些事情，應該已經有很多人明白。另一方面，大家是不是也覺得「這些是能夠讓我打掃更輕鬆的東西」、「用化學的力量，難以清潔的汙垢也能清除」？

但是我認為這些強烈的清潔劑，才是造成打掃非常辛苦的原因。

強烈的清潔劑很容易讓人認為「只需要使用少量就能清掉汙垢，很環保！」、「只要噴一下，汙垢很輕鬆就能清掉了」。

但如果只需要少量清潔劑就能清掉汙垢，就表示不管稀釋到什麼程度，清潔劑的力量都會留在該處。如果沒有大量沖洗，或是一再擦拭，清潔劑就會殘留在物品上。

我在大學是專攻化學的。實驗當中使用的試管或者燒瓶，我們會使用洗餐具的清潔劑來清洗，但是有非常嚴格的沖洗規範。

必須先清洗到完全沒有泡泡，然後將水裝到容器口滿，馬上倒掉，重覆以上動作15次。

「泡泡都沒有了還要再沖15次？為什麼得要搞得那麼麻煩？」

我一開始也是這麼想的，但之後馬上就理解了。有時不過是少沖了幾次，實驗結果就會完全不一樣。這讓我徹底感受到容器當中殘留著眼睛看不見的成分，而那成分有多強烈。

大學畢業之後，我在生產化學產品的公司裡，負責製造合成清潔劑。漸漸地我就明白了清潔劑的成分以及製作方式。一讀我先前使用過的清潔劑成分表，才發現相似的清潔劑真是多到令人驚訝。清潔成分其實沒有太大不同，只是分成橘子香氣的用在浴室、花香用在廁所等等，其實，大家根本只是在收集那些只有香料和瓶罐顏色不同的清潔劑罷了。

不使用合成清潔劑的打掃方式，就是我推薦的天然清潔。要使用的東西只有五種。

小蘇打、檸檬酸、過碳酸鈉、酒精，以及肥皂。

只要有這五種清潔劑，就能夠清掃家裡所有汙垢。不需要再收集那些不同場所、不同東西用的五彩繽紛清潔劑瓶罐了。

而且不需要區分場所，只要配合汙垢使用適合的清潔劑，打掃汙垢可是簡單到令人感到有趣。

另外，我覺得最令人感動的，就是幾乎不需要像合成清潔劑那樣，仔仔細細地沖洗，或者是來回濕擦好幾次。

要讓打掃變得輕鬆，其實就是讓沖洗的工作變輕鬆。

這本書整理出能夠讓打掃變輕鬆的各式各樣祕訣以及具體方法，收錄許多對你以後打掃都有幫助的知識。

看了就能夠明白如何用最小的努力，得到最大的結果。我也想告訴大家如何選擇讓打掃變輕鬆的商品，以及怎樣才不會弄髒東西的訣竅。

打掃變輕鬆以後，似乎也能聽到大家說變開心了。請大家務必嘗試這些方法。

二〇一九年六月　本橋ひろえ

CONTENTS

PART 3 減少清潔劑！輕鬆愉快打掃乾淨的訣竅

PART 4 成為打掃廚房的專家！

PART 7 客廳與寢室舒適萬分

PART 1

何謂「汙垢」？你不知道的掃除原理

你用抹布究竟是在擦什麼？
你用吸塵器究竟是吸了什麼？
你使用的清潔劑，
究竟有什麼樣的功效？

汙垢有所謂的「性質」。
配合性質正確使用清潔劑，
頑固的汙垢也能輕鬆洗掉。
不明白敵人就無法擬定戰略，
因此請先弄明白你的敵人——「汙垢」。

不同場所分別用不同的清潔劑好辛苦！

了解敵人（汙垢），打掃就能一口氣變輕鬆

我想應該有很多人學過烹飪。可能是爸媽教的，或者是家政課上學的，可能是去烹飪教室，或者是看書，但您有過學習打掃的經驗嗎？汙垢掉落的機制是什麼？說到底，汙垢究竟是什麼，曾有人教過您嗎？

至少我個人是沒有學習過。來我的講座聽課的人也幾乎是這樣。我們什麼都沒學過，那麼究竟該如何打掃呢？我想大多數人，應該都是照著市面上清潔劑的使用說明打掃的吧。

清洗浴室就用浴室用的清潔劑，打掃廁所就去買廁所用的清潔劑，然後閱讀標籤上寫的「使用方式」後進行打掃。但是，您是否曾想過，這是正確的打掃方式嗎？真的有必要每個地方都使用不一樣的清潔劑嗎？

值得深思的是，掃除時最重要的，並不是打掃哪裡，而是要清掉哪種汙垢。

汙垢大致上可以區分為「不需要使用清潔劑的汙垢」以及「必須使用清潔劑的汙垢」兩種。

灰塵、塵埃、砂礫這類就是不需要清潔劑的汙垢，只需要用吸塵器就好了，很簡單。廁所的灰塵也是，不需要使用廁所專用的清潔劑。而那些需要使用清潔劑的汙垢，如果沒有使用最適合對付那種汙垢的清潔劑，也會沒有效果。舉例來說，浴室鏡子上白白鱗片狀的霧狀髒汙，你是否用了「浴室用」的清潔劑、或者「玻璃、鏡子用」的清潔劑也都弄不掉？這是由於「場所」雖然對了，但弄錯了汙垢的種類。

不需要 清潔劑的汙垢

- 灰塵、塵埃
- 泥土、砂礫
- 毛髮等

需要 清潔劑的汙垢

- 油
- 來自人體的皮脂、角質（垢）、汗、尿
- 食物殘渣
- 水垢
- 黴菌及細菌

汙垢 1

家裡的汙垢大魔王！就是灰塵和塵埃！

每天都會堆積的汙垢代表。
只要有人類存在就會堆積，人類不在也會堆積。

真面目
纖維細屑以及毛髮等混在一起。
沙子、泥土及食物殘渣等乾燥而成。

若放著不管
會繁殖細菌，成為臭味來源，
如果與油汙混在一起會變得非常頑固。

處理方式
使用吸塵器、手持撢子等以物理方式清除。

容易有灰塵、塵埃的是這種地方

灰塵會移動
人移動之後灰塵也隨之移動。

放置不管的話，與油汙混在一起就會變得非常頑固

沒有任何房子可以免除塵埃的存在。不管是打掃得十分徹底的房子，或者沒有人的房子，塵埃與灰塵就是會一直出現並且堆積起來。其實房子當中最多的汙垢，就是不需要清潔劑來處理的塵埃。

讓我們試著分解塵埃。塵埃的主要成分物質是衣物及布類的家具產生的棉絮。在蓬鬆的纖維之間，還混入了毛髮、食物殘渣、由房子外頭飛進來的粉塵以及花粉等，當中還可能繁殖起黴菌或者蜱蟎。如果放著不管，就會成為各種細菌的溫床，也會變成家中臭味的來源，而且經過一段時間以後還會與室內的油汙結合在一起，原先蓬鬆的塵埃就會變得硬梆梆，變成沒有清潔劑就無法清除掉的頑固髒汙。趁著還能用吸塵器及撢子清除的時候就打掃，會輕鬆許多。

汙垢 2

用清潔劑洗去的汙垢主角 油汙！

除了廚房以外，家裡到處都會有這種汙垢。人類的身體也會排出油汙。

真面目

飛散的烹調用油、肉類及魚類的動物性脂肪、人類手部肌膚滲出的皮脂等。

若放著不管

油類（油脂）會隨著時間過去而慢慢乾燥、難以去除。氧化之後也會出現難聞氣味。

處理方式

用小蘇打、過碳酸鈉、酒精等。趕快擦拭的話不需要清潔劑也能擦掉。

容易有油汙的是這種地方

沾附在窗戶玻璃、餐具櫃玻璃上的手漬也是油類。

廚房當中的油脂會飄盪在空氣當中，附著在牆壁、天花板以及家具上。

與灰塵混在一起之後會成為頑固汙垢。

會因為油脂而髒汙的不是只有廚房

大家很容易以為「油汙是指廚房的髒汙」，但其實油脂是會擴散到整個家中的髒汙。

原因就在於，烹飪時會產生含有鍋中油類或者肉類、魚類脂肪的水蒸氣。除了廚房以外，氣體也會流動到客廳、走廊等處，附著在牆壁以及天花板上。如果換氣扇及換氣扇的蓋子髒汙，房間就無法充分通風，這樣室內的油汙情況會更加糟糕。

原因並不僅止於此。我們的身體也會排出皮脂汙垢，這也是油汙的一種。地板會黏黏的是因為腳底滲出的皮脂汙垢。電燈開關上的汙垢，很可能就是指尖的皮脂。

油類如果早點擦拭，不需要清潔劑也能弄乾淨。溫度高會比較好清理，因此使用熱水就能夠輕鬆去除。

汙垢 3

頑固地賴在洗臉台周遭的水垢！

流理台、浴室等使用水的場所總會出現白色的頑固汙垢。成因是自來水當中的礦物質。

真面目

自來水蒸發以後會留下那些原本溶於水中的鈣質、鎂等礦物成分。

若放著不管

雖然不需要每天打掃，但若放著不管，會演變到連用清潔劑也無法去除的地步。

處理方式

擦掉水滴就可以預防。最有效的是檸檬酸或者醋等酸性的清潔劑。

容易有水垢的是這種地方

每天用水的場所

水龍頭、洗臉台、流理台等。

容易潑到水的地方

浴室、洗臉台的鏡子、浴缸、洗臉盆。

加熱水時用的電器產品

電熱水壺、加溼器、洗碗機內側。

浴室鏡子上的白色痕跡 不管它就會愈堆愈多

用水沖了就會乾淨……大多人會這麼認為，但自來水也是造成髒汙的原因。也就是水垢。附著在浴室鏡子上那鱗片狀的白色汙垢、加溼器底部殘留的結晶形狀汙垢、水龍頭上的白色汙垢，這些都是水垢。

水垢是原先溶化在自來水當中的礦物質殘留物。因此，就算窗戶會因結露而有水分，卻不會形成水垢。這是由於造成結露的水分是水蒸氣，當中並不含有礦物質。

要清除水垢，使用浴室清潔劑、玻璃清潔劑、或者餐具清潔劑都沒有效果。後面還會詳細說明。總之水垢是鹼性的髒汙，因此要使用檸檬酸等酸性的清潔劑才能發揮效果。但與其使用清潔劑來去除，經常擦乾積水預防水垢形成比較重要。

汙垢 4

變黑就來不及啦！黴菌、細菌！

浴室地板上的粉紅色、磁磚縫隙的黑色汙垢、排水口滑溜溜……這些全部都是黴菌與細菌堆積在一起。

真面目

室內有黴菌孢子以及細菌在空氣中浮游。只要有水分與營養（汙垢）、在適溫（20℃以上）處就會繁殖。

若放著不管

在它們還是透明滑溜的時候還能夠沖洗掉，放著不管就會變成黑色的汙漬。

處理方式

預防最為重要。平常就應該好好擦乾水分、使用酒精殺菌。

容易有黴菌、細菌的是這種地方

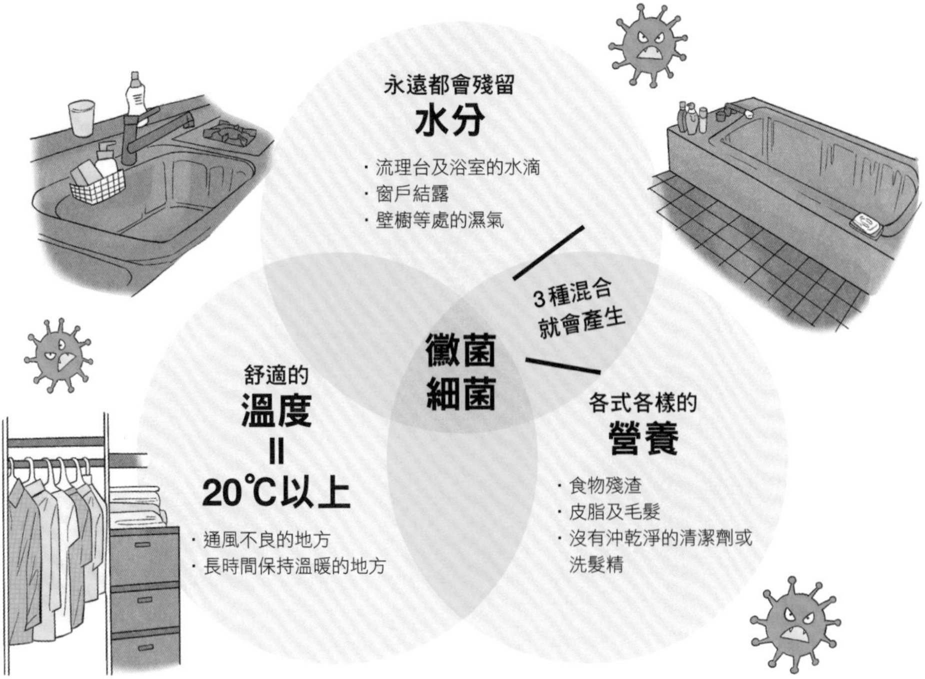

雖然看不見但確實存在 對付黴菌與細菌，預防最為重要

家中也存在著看不見的汙垢。舉例來說，黴菌與細菌就屬於這類。如果採集室內空氣來調查，會發現當中浮游著想也想不到的大量黴菌胞子以及細菌。

而且它們經常都會尋找繁殖的機會。黴菌及細菌的繁殖必須條件為：①水分、②營養（油汙、食物殘渣、沒有沖乾淨的清潔劑或洗髮精等）、③適溫。浴室和廚房都具備這三項條件，因此非常危險。

經常有人問：「黴菌是那種紅色或者黑色的東西對吧？」但其實已經變成有顏色的話，就表示黴菌已經徹底生根，打掃起來會非常困難。希望大家能在它們還是透明又滑溜的時候就去除。

不過，比打掃更重要的就是預防。只要能夠排除①～③任何一個條件，就可以預防黴菌與細菌。

那不只是汙垢

除臭噴霧也無法解決的討厭氣味

臭味的來源，是各式各樣的汙垢。要去除臭味，就必須找到汙垢並且加以去除。

真面目	排水口及冰箱的氣味是腐壞的食品、壁櫥的氣味是黴菌、廁所則是氨等。
若放著不管	細菌會大量繁殖、食物會繼續腐壞下去，臭味會變得更加嚴重。
處理方式	就算噴除臭噴霧，只要臭味的原因還在，氣味就不會消失。先打掃吧！

容易有討厭氣味的是這種地方

廁所牆壁、地面、天花板
原因是濺尿當中的氨氣味！
廚餘垃圾桶
腐敗的食物氣味
窗簾、牆壁、地板等
香菸的煙或者飲食的油脂滲入，很臭！
廚房及浴室排水口
黴菌及細菌繁殖的氣味！

使用具效果的清潔劑 清掃氣味來源的汙垢

你是不是認為「有討厭氣味就用除臭噴霧」呢？其實那根本無法真正去除臭味。

會有臭味，一定是有造成氣味的髒汙。舉例來說，如果廚房有腐敗的臭味，那麼就可能是廚餘造成的。如果廚餘丟掉之後還是有味道，那麼可能是附著在垃圾桶上的汙垢；又或者是排水口、三角籃上殘留著腐壞的食物。這種時候就算是噴除臭噴霧，或者是放一些備長炭，成為氣味來源的汙垢還是留在原處，沒有解決。

會有氣味，就是表示「這裡有汙垢啊！快點發現！」的訊號。最重要的就是選擇適用於不同汙垢種類的清潔劑，將氣味來源的汙垢打掃乾淨。如果去除氣味來源的汙垢以後仍有氣味殘留，那麼就要保持乾燥及通風。

這樣打掃更輕鬆 1

掃除是化學！將汙垢以性質分類

* 汙垢有酸性、鹼性及中性。
* 室內的汙垢有8～9成是酸性汙垢。
* 灰塵及塵埃並非液體，因此不是酸性也非鹼性。

以化學分類汙垢 就能看清打掃的方法

輕鬆去除汙垢的第一步，就是以化學方式來分類汙垢。大家請回想一下酸鹼試紙。將試紙浸泡在液體當中，變藍的話就是鹼性、變紅就是酸性。這個知識其實對於打掃有著非常大的幫助。

所有的液體一定位於酸鹼度表的某個位置（↓P35圖片）。汙垢也是一樣的。油汙或者食物產生的汙垢、人及動物身體排出的汙垢，幾乎都是酸性汙垢。水垢、氨臭等是鹼性汙垢。黴菌、細菌等會吃酸性汙垢進行繁殖，不過調查汙垢會發現它們其實是中性的。灰塵和塵埃等不是液體，因此沒有酸鹼的問題。

只要懂得將汙垢區分為酸性或者鹼性，接下來就是配合酸鹼來選擇清潔劑使用。

這樣打掃更輕鬆 2

以汙垢的性質來選擇清潔劑
乾淨到會讓你微笑

鐵則！

- 酸性的汙垢使用鹼性清潔劑。
- 鹼性汙垢使用酸性清潔劑。
- 黴菌、細菌汙垢使用殺菌效果較佳的清潔劑。

選擇清潔劑基本規則

酸性汙垢

◆清潔劑用？

鹼性清潔劑

- 小蘇打
- 過碳酸鈉
- 肥皂

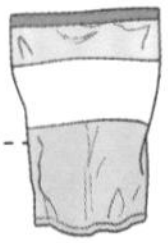

point

酒精雖然是中性清潔劑，但也可以去除油汙。

鹼性汙垢

◆清潔劑用？

酸性清潔劑

- 檸檬酸

point

可以去除氣味強烈的鹼性汙垢。

黴菌、細菌汙垢

◆清潔劑用？

殺菌效果較佳之清潔劑

- 過碳酸鈉
- 酒精

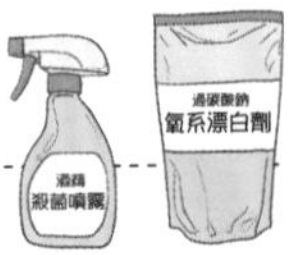

point

雖然可以殺菌，但無法去除黑漬，首先要預防。

灰塵、塵埃呢？

- 用吸塵器吸起來
- 使用撢子等擦拭
- 用抹布乾擦或者溼擦

point

放置不管的話，會和油汙混在一起而變得黏膩膩，要使用去除油汙的清潔劑。

詳細請見PART 2！

汙垢掉落的祕密 1

酸鹼中和以後汙垢就會軟化而掉落

簡單來說就是

- 酸與鹼混合在一起，中和以後汙垢就會軟化。
- 中和而軟化的汙垢，就能輕鬆去除。

確認清潔劑的pH值！

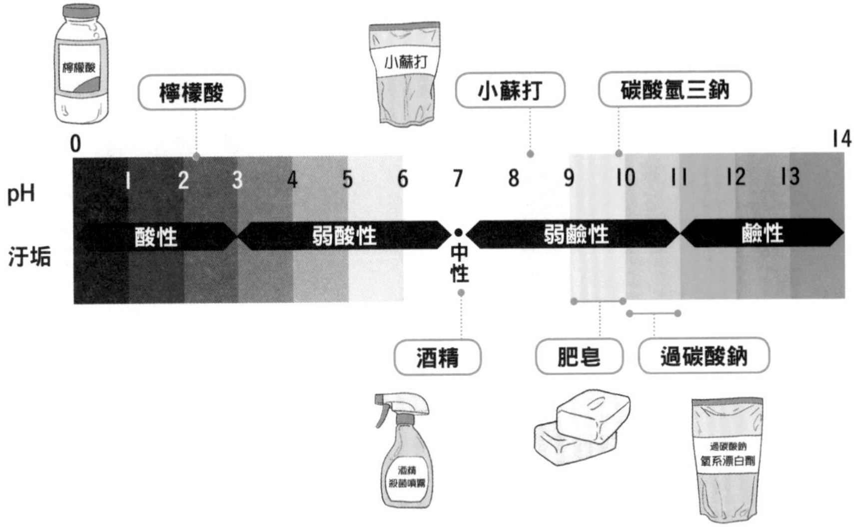

Point

- 酒精含量愈強，愈能夠去除酸性汙垢
- 酸性愈強，愈能夠去除鹼性汙垢
- 無法溶於水的清潔劑不具備洗淨能力

汙垢變成中性後就像水一樣可以清潔溜溜

酸性或鹼性，是指水溶液（將物質溶化在水中後的溶液）的性質。醋或者橘子等酸酸的液體就是酸性；鹽滷那種略帶苦味的液體就是鹼性；水則是位居中間的中性。腐敗的食物會變酸，油類過了一段時間也會氧化成為酸性汙垢。

酸鹼有強弱區分，用來顯示出強度的就是pH值。pH值有0～14，pH7是中性，數字愈小則酸性越強；數字愈大則鹼性愈強。將酸性的液體與鹼性的液體混和在一起就會成為中性（在小學的自然課上應該有學過！）。去除汙垢的原理也是這樣的，酸性的汙垢就用鹼性清潔劑；鹼性汙垢就用酸性清潔劑，使其達到中和，這樣就會很好處理。

汙垢掉落的祕密 2

用界面活性劑的力量讓油融化在水中再沖掉

雖然很方便但要注意

- 會起泡泡的清潔劑是界面活性劑。
- 天然清潔劑中的肥皂，也是界面活性劑。
- 合成清潔劑＝合成界面活性劑。容易殘留、沖洗不易。

界面活性劑去除汙垢的機制

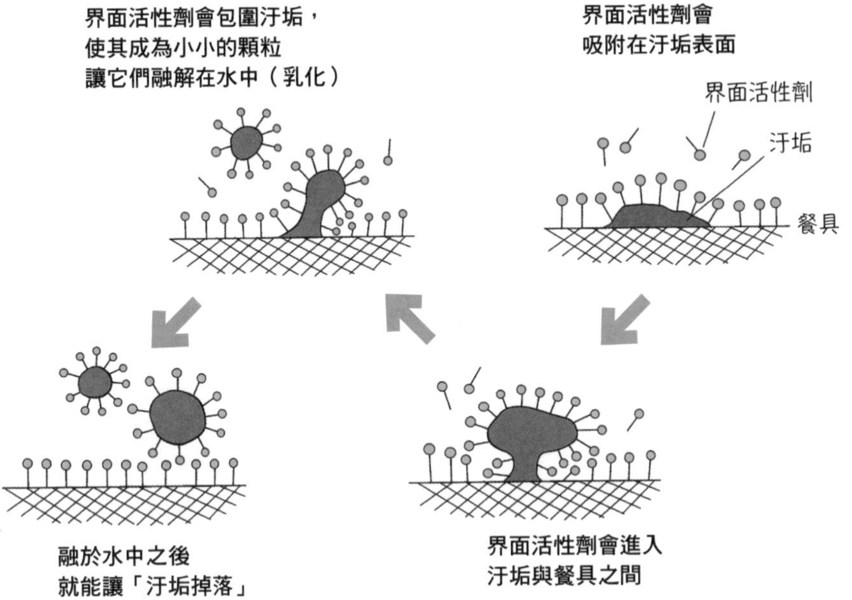

界面活性劑會
吸附在汙垢表面
界面活性劑
汙垢
餐具
界面活性劑會進入
汙垢與餐具之間
界面活性劑會包圍汙垢，
使其成為小小的顆粒
讓它們融解在水中（乳化）
融於水中之後
就能讓「汙垢掉落」

雖然對油汙有強烈的清潔作用 但沒有水就無法使用

除了以中和的方式來清除汙垢以外，也有些清潔劑是使用界面活性劑的力量。界面活性劑就是溶於水中搖一搖就會出現泡泡的清潔劑，能夠讓原先不會融合在一起的油與水混合在一起，之後便能清除。

舉例來說，沾附在餐具上的油汙，潑水上去也只是被彈開。但是，如果添加了界面活性劑，油會變成小小粒，融化在水中被沖掉。這是由於界面活性劑的功效，就是進入水與油的交界處（界面），破壞邊界使它們能夠融和在一起。

最具代表性的就是天然清潔劑中的肥皂。

現在市面上販售的大多數合成清潔劑，當中的成分是化學合成的界面活性劑，原料是油脂。如果沒有完全沖乾淨，會成為黴菌、細菌的食物，因此只能在有水的地方使用。

合成清潔劑的問題何在？1

「一滴就能去除汙垢」的清潔劑其實非常可怕

理由是？

- 容易去除汙垢的清潔劑，會連手部肌膚的油脂都帶走。
- 只要少量就能去除汙垢的清潔劑，即使以河流或大海的大量水稀釋，也有效果。
- 稀釋之後也有效果，因此沖洗起來很辛苦。非常不環保。

合成清潔劑究竟是什麼意思？

容易沖洗？

少量就能起泡、用水沖馬上乾淨溜溜，這兩種情況要同時成立，就邏輯上來說實在不太可能。

對肌膚溫和？

強烈的清潔劑會帶走手上的皮脂，因此添加了保溼劑或者包覆劑來表現出「溫和」效果，但是那種成分也會留在餐具上。

成分來自植物就能安心？

合成界面活性劑的原料五花八門，也會使用植物油。就算原料是天然物，如果做出來的還是合成清潔劑，那根本沒有差別。

可以殺菌？

界面活性劑是使用油脂製作而成，因此清潔劑殘留會成為黴菌或細菌的食物。雖然只要添加殺菌劑就沒問題，但是那個成分對身體好嗎？

明明是強烈的合成清潔劑卻說「很溫和」的理由

「只要一滴就讓油汙清潔溜溜！對肌膚溫和，還能殺菌！」——這種清潔劑很受歡迎，但實在頗為矛盾。

「少量就能讓油汙清潔溜溜」的清潔劑，應該會將肌膚所需的皮脂也帶走，但畢竟是合成清潔劑，的確可能添加可以覆蓋肌膚的成分，讓清潔劑變成「對肌膚溫和」。但是，那個成分也會覆蓋在餐具等物品上，因此很可能會從肌膚進入身體或者吃下肚。另外，少量即可去汙就表示，即使稀釋之後也會殘留清潔劑成分，這實在稱不上「使用量少就比較環保」。

「殺菌」也令人感到不安。會起泡的清潔劑全都是使用油脂製成的，照道理說細菌應該非常喜愛。能夠殺菌，就表示當中可能添加了殺菌劑。「方便」的背後都是有理由的。

合成清潔劑的問題何在？2

沖洗非常耗費時間

打掃會變得更加辛苦！

清潔劑殘留會造成

✹使用油脂製成的界面活性劑營養豐富，會成為細菌及黴菌的食物，成為汙垢的成因。

✹清潔劑的成分是造成肌膚粗糙的原因。

打掃浴室

用小蘇打清洗……

小蘇打也是泡澡劑的成分，就算沒有沖得很乾淨也不用太在意！

用合成清潔劑清洗……

在水上看到細小的泡沫就覺得很不安。清潔劑真的有好好沖乾淨了嗎？

比汙垢還要令人在意!?
清潔劑未沖洗乾淨

汙垢沒清乾淨當然令人在意，但清潔劑殘留其實才讓人倍感困擾。就算是天然材料的肥皂也是一樣。

界面活性劑是由油脂製作而成的，因此營養豐富，殘留下來會成為黴菌及細菌的食物，導致汙垢的形成。人體的皮脂也會被帶走。

合成清潔劑就更不用說了，不管再怎麼沖都很容易殘留，讓肌膚變粗糙。要是殘留在餐具、浴缸、廁所、地板或者牆壁，遍布家中，很難保證它們不會對肌膚造成影響，也可能造成牆壁及地板劣化。

尤其是「少量卻效果卓越」的合成清潔劑，就算能簡單洗去汙垢，要除去清潔劑本身的成分卻非常耗費時間。這樣一來還能說是「打掃變輕鬆了」嗎？

PART 2

要準備的清潔劑只有5種

輕輕鬆鬆掃除

雙手肌膚不乾燥

開始採取天然清潔法

完全不使用合成清潔劑的打掃方法，
就是「天然清潔」。
我使用的清潔劑，總共只有5種。
不管哪一種都是存在於地球上的安全成分，
就算放流到河川或者海裡，
對環境的負荷都非常低。
當中也有很多會用於食品，
因此清潔過的地板或桌子
就算讓嬰兒去摸、去舔，也不用太擔心。
沖洗清潔劑更是輕鬆許多。
天然清潔的最大魅力，
可以說就是能讓打掃更加輕鬆呢。

讓打掃變輕鬆的訣竅就是使用容易沖洗的清潔劑

要小心「好像很天然」

我不使用合成清潔劑。只需要小蘇打、檸檬酸、酒精、過碳酸鈉、以及肥皂這5種清潔劑，就能打掃、洗衣，也能清洗餐具。

合成清潔劑當中有些會給人「好像是天然用品」的印象，但其實只要讀一讀成分標籤就會明白。如果成分當中寫著「界面活性劑○％」，那肯定就是合成清潔劑。如果是單純肥皂成分製作成的清潔劑，會寫「純肥皂○％」。

也有些將合成清潔劑與肥皂混合在一起製成的清潔劑，仍舊不改它是合成清潔劑的事實。界面活性劑就算使用的原料是來自植物，製作出來的成品仍是合成清潔劑，還是無法放心。就算是羅列了一整排無香料、無螢光劑、無漂白劑的「無」；即使是瓶子的顏色看起來是很天然的溫和顏色，合成清潔劑就是合成清潔劑。必須要徹底沖洗，打掃起來一點都不輕鬆。

另一方面，我也不會使用真正的食物來做打掃工作。橘子皮、蘿蔔片、米糠或者茶渣等，這類東西確實也能夠去除汙漬，而且是食物，因此也對手部肌膚或者環境非常溫和……但畢竟原先是營養價值高的食物，如果成分殘留的話，很可能讓黴菌與細菌在該處繁殖。在去除汙垢以後，還得打掃用來去汙的食品，這樣一來打掃根本就沒有比較輕鬆。米糠發酵清潔劑等商品也是一樣。

不管有多環保、對身體多好，只要很費工夫就會難以持續下去。打掃是每天都要做的事情，請選擇能夠輕鬆去除汙垢、沖洗起來也很輕鬆的清潔劑。

天然清潔劑 4大優點

1. 配合汙垢使用，迅速清潔
2. 以手觸摸也很安心
3. 沖洗輕鬆
4. 只有5種，經濟實惠

先發清潔劑只有這5種！

以「酸性或鹼性」來選擇清潔劑吧

殺菌及去除油汙！

酒精
（中性）

・無法用水的場所的油汙
・殺菌、預防發霉、皮脂、手垢

鹼性汙垢要用！

弱酸性

檸檬酸

・水垢
・肥皂屑
・氨臭
・魚或香菸的氣味

上面5種清潔劑，是我打掃時絕對會使用的常駐部隊。只要有這5種清潔劑，幾乎能清掉家中所有汙垢。

在上一章我已經有提過，可以用清潔劑去除的汙垢有8成以上都是酸性汙垢。只要用鹼性的清潔劑使其中和，便能夠輕鬆去除。比較輕微的汙垢使用小蘇打、厚重的汙垢或者需要殺菌就用過碳酸鈉。肥皂也很能去除油汙，不過因為是界面活性劑，因此只能在可以沖水的地方使用。而水垢等鹼性汙垢，要使用檸檬酸去除。

也就是說，汙垢種類相同的話，不管是浴缸、瓦斯爐、還是襯衫領，全部都可以使用同樣的清潔劑。可沒辦法再用「忘了買玻璃清潔劑所以沒辦法打掃窗戶」當藉口啦。

雖然沒有中性清潔劑但不使用也無所謂

中性清潔劑沒有辦法中和酸性或者鹼性的汙垢。大家會想：「那中性清潔劑是做什麼用的呢？」市售的中性清潔劑是「中性的合成界面活性劑」。界面活性劑可以去除汙垢，因此就算是中性的，也還是可以去汙。因為有一些材質遇到酸鹼容易變色、變質，所以才會有中性的合成清潔劑。

在我的先發清潔劑當中，酒精是中性的。使用酒精的目的不在於中和以後去除汙垢，而是由於酒精具備很高的殺菌效果，以及可溶解油脂。

1

小蘇打

可以用在家中各處酸性汙垢的安心安全清潔劑。

粉狀小蘇打也能夠當成磨砂清潔。

可利用發泡作用分解頑固髒汙。

名字是？

→ 小蘇打、碳酸氫鈉、重碳酸鈉

pH 值？

→ 8.2

液體性質？

→ 非常弱的鹼性

油汙清潔溜溜卻對肌膚溫和

裝到「蜂蜜罐」當中比較好使用

擅長

- 使用1％的小蘇打水，輕度酸性汙垢只要一擦就乾淨，不需要擦第二次。
- 粒子非常細緻、不易溶於水，因此可作為磨砂清潔劑使用。
- 加熱小蘇打水，會因為發泡作用能將茶漬、焦痕清除乾淨。
- 由於是非常弱的鹼性，因此不容易傷害肌膚。

不擅長

- 去除已經變得硬梆梆的水垢。
- 去除鹼性臭味。

NG

- 不要用粉狀小蘇打清潔漆器或者塑膠等較軟的材質，很可能會造成物品損傷。
- 在榻榻米或鋁製品上使用小蘇打，可能會造成變色。

性質

- 非常弱的鹼性，可以中和輕微酸性汙垢後去除。
- 小蘇打也會被拿來當成烘焙時的發粉使用，安全性高就是它最大的優點。同時也是泡澡劑的材料，眾所皆知它也是溫泉成分。
- 不易溶於水，因此最重要的是使用40℃上下的溫水溶解。

讓小蘇打發揮最大力量的使用方式

製作濃度1%的小蘇打水

不需要擦第二次！

〈製作方式〉

40℃溫水2ℓ加入5小匙；1杯（200mℓ）的水則可溶化½小匙的小蘇打。

以粉末狀態灑上只會害吸塵器壞掉

小蘇打安全性很高，是使用方式多元的方便清潔劑。但另一方面，大家也對它有許多誤解。

舉例來說，有些人以為可以「直接把粉末灑在地毯上，用吸塵器吸起來」、「將粉末直接放進冰箱裡除臭」等。把小蘇打粉灑在地上無法吸附汙垢，還可能讓吸塵器壞掉。以粉末狀態放進冰箱當中，並沒有去除原先的汙垢，因此臭味也會殘留。

小蘇打必須溶於水中才能發揮鹼性清潔劑的效果。粉末狀態下並非鹼性，因此不具備清潔效果。維持粉末狀態能發揮的功效只有磨砂。如果要除臭，請使用小蘇打水擦拭。

在洗臉盆或者水桶當中做好大量小蘇打水，然後將抹布放進去吸水為最佳使用方式。小蘇打水的濃度就算高於1%也不會比較好清汙垢，反而會在乾燥的時候變回白色的粉末。

以小蘇打水擦拭地板及瓦斯爐

浸泡了小蘇打水後擰乾的小蘇打抹布（建議使用纖毛抹布），最適合用來擦拭瓦斯爐及地板等處。使用濃度1%的小蘇打水就不需要擦第二次，不過如果添加了比例過高的小蘇打，在乾了以後會有小蘇打的白色粉末浮出。

以粉末做為磨砂劑

小蘇打粉不易溶於水，因此可以做為磨砂劑使用來打掃流理台或者浴缸等。如果殘留溫水的話，小蘇打也可能會溶解，這樣就會成為鹼性清潔劑，但仍然很好打掃。

使其發泡讓焦痕清潔溜溜

小蘇打水具有加熱就會發泡的性質。利用此性質可以去除鍋子的焦痕（→P131）。如果和檸檬酸一起使用，發泡就會更強烈，非常適合用來清潔排水管（→P114）。

2

檸檬酸

名字是？

➔ 檸檬酸

pH值？

➔ 2.1

液體性質？

➔ 酸性

- 能夠徹底去除水垢等鹼性汙垢。
- 鹼性強烈的氣味源頭汙垢也能去除。
- 去除沾附在浴室物品上的肥皂屑。

以酸的力量去除水垢

擅長

- 去除水垢、肥皂屑等鹼性汙垢。
- 洗掉氨臭、烤魚、香菸的氣味。
- 寵物洗手間周遭清掃。
- 使用肥皂洗衣後的收工步驟。

不擅長

- 去除酸性汙垢（油汙等）。
- 去除成因為酸性汙垢的氣味。

NG

- 和氯系漂白劑混在一起會產生有毒氣體，絕對不能混合使用。
- 會溶解鈣質，因此不可使用在大理石等天然石材上。殘留在金屬上會造成生鏽。
- 誤入眼睛會造成強烈疼痛，必須立即沖洗。

性質

- ◆ 檸檬酸不像食用醋（穀物醋、發酵醋等）具有獨特氣味，因此用於清潔非常方便。
- ◆ 如果殘留酸，會造成黏膩感或生鏽。要徹底沖洗及擦拭。

讓檸檬酸發揮最大力量的使用方式

製作濃度1％的檸檬酸水

〈製作方式〉
1杯水（200㎖）當中加入檸檬酸½小匙攪拌。裝入噴霧罐中使用。

大約每週一次
擦拭清掃用水處周邊

打掃水垢以及肥皂屑，最重要的就是經常擦乾水分。打掃的時候用噴霧器噴上檸檬酸水，然後用纖毛抹布擦拭。如果是非常頑固的汙垢，就用檸檬水濕敷。

粉末狀態也可以這樣使用

清潔洗碗機的水垢

洗碗機當中很容易凝固水垢。雖然市面上有賣專用的清潔劑，不過只要加入1大匙檸檬酸然後開機，就可以清乾淨（→P120）。

和小蘇打一起清潔水管

小蘇打與檸檬酸混合在一起會起泡。利用此一性質，可以排除水管堵塞（→P114）。

雖然不是很常使用
但打掃用水處絕對需要

其實，檸檬酸並不是那麼常用，因為鹼性汙垢比較少。

鹼性的汙垢，就是沾附在浴室鏡子、金屬水龍頭上的白色汙垢（水垢），或者椅子及洗臉台上附著的粗糙物（肥皂屑）。由於水中含有鈣、鎂以及界面活性劑，最後會變成硬梆梆的頑固汙垢。

檸檬酸對於消除廁所的氨臭也非常有效。

在大家使用蹲式馬桶的時代，濺尿情況非常嚴重，為了消除氨臭，一定會使用酸性清潔劑。不過如今多半是坐式馬桶，因此酸性的廁所清潔劑也減少了。但是家中若有會站著使用馬桶的男性，那麼可能還是需要定期使用檸檬酸噴霧來清潔。

3

過碳酸鈉

名字是？

→ 過碳酸鈉、過氧碳酸鈉、氧系漂白劑

pH值？

→ 10～11

液體性質？

→ 弱鹼性

- 可殺死並去除黴菌及細菌。
- 利用發泡力量，去除洗衣機及排水口的汙垢。
- 去除頑強油汙的效果也非常好。

泡著便能夠洗淨、殺菌、漂白

擅長

- 漂白餐具及抹布等。
- 為衣物殺菌除臭。
- 打掃排水口及洗衣機等。
- 去除堅強油汙。
- 清除鍋子焦痕。

不擅長

- 漂白羊毛、絲等容易掉色布料。
- 打掃榻榻米或鋁製品。

NG

- 不可使用在植物染或者羊毛等材料上。
- 鹼性較強，容易使手部肌膚粗糙，使用時要戴上橡膠手套。如果誤入眼睛時，一定要立即用清水沖洗。

性質

◆ 這是將碳酸鈉與過氧化氫以2比3混合之後製作而成。鹼性較強，因此去除酸性汙垢的力量也較強。

◆ 一般是以「氧系漂白劑」作為商品販賣。氧化力量很強，因此也可以用來殺菌及除臭。也可以用在洗衣時的造成的染色上。

讓過碳酸鈉發揮最大力量的使用方式

溶在60℃的熱水當中使用

使用60℃熱水溶解過碳酸鈉

＜製作方式＞

在裝了60℃熱水2ℓ的水桶當中，溶解1小匙過碳酸鈉，沾在抹布或餐具等處。

洗衣槽去除汙垢

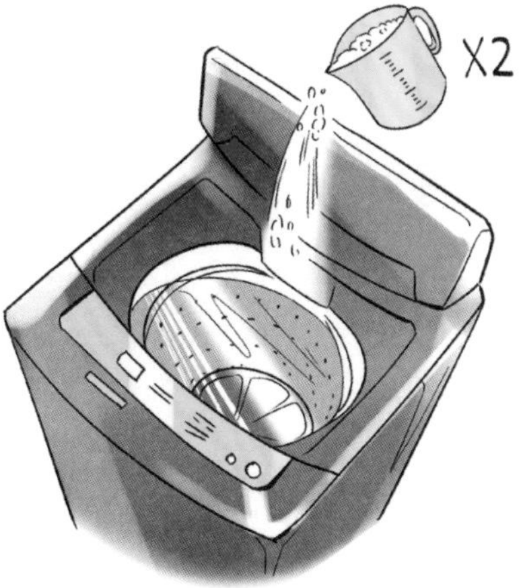

將洗衣槽裝滿60℃熱水，倒入2杯過碳酸鈉溶解，開洗衣機運轉，汙垢便會浮出來（→P160）。

排水口也清潔溜溜

堵住排水口，淋上熱水後倒入過碳酸鈉靜置，會乾淨到令人驚愕！（→P112）

雖然是「氧系漂白劑」在漂白衣物以外也大有用處

就算不知道過碳酸鈉是什麼，應該也聽說過氧系漂白劑吧。這兩個名稱其實是同一種東西。由於有著「漂白劑」之名，可能會讓人覺得好像只能用來漂白衣服，其實它有著非常強的去油能力，也具備殺菌及漂白功效，是非常優秀的清潔劑。

建議的使用方式是泡在60℃熱水當中再清洗。水壺、茶杯、濾網等都能夠清潔溜溜。將流理台的排水口堵住（→P109），放滿熱水壺最高溫的熱水，就非常適合用來浸泡換氣扇或者瓦斯爐架等黏了頑強油汙的物品，而且這樣流理台也會非常乾淨，實在是一石二鳥。

還要注意耐熱溫度，尤其是塑膠製品。另外，由於過碳酸鈉的鹼性較強，必須仔細沖洗。

4 酒精

✸ 殺菌為最大用途。餐桌及調理台輕輕一噴即可。

✸ 能溶解並去除油汙。適合清理黏答答的髒汙。

✸ 揮發性很高，可以拿來打掃難以用水的地方。

名字是？
➔ 消毒用乙醇、酒精

pH值？
➔ 7

液體性質？
➔ 中性

在嚴禁用水處和油汙處都能發揮功效

擅長

- 打掃容易發霉的地方。
- 酒精具有溶解油類的功效，因此也能用來去除油汙。
- 水分可能會造成電器產品或者插座故障，可以使用酒精清潔。
- 也可以添加薄荷油等香氣，打造獨家清潔劑。

不擅長

- 用於上了保護漆或打蠟的家具。
- 去除衣物汙垢等洗衣用途。
- 大範圍擦拭清潔。

NG

- 具有引火性，在火旁邊使用是非常危險的。
- 揮發性高，使用的時候必須注意通風。
- 手上的皮脂也會被溶解，因此要戴橡膠手套。

性質

◆ 區分為幾乎不含水的無水乙醇，以及藥局等處會販售的消毒用乙醇（酒精含量約80%左右）。打掃建議可使用較便宜的消毒用乙醇。

◆ 因為具有揮發性，噴完之後也不留痕跡，不需要再次擦拭。

讓酒精發揮最大力量的使用方式

＼不用擦第二次！務必要製作！／

製作濃度35％的酒精水

＜製作方式＞
將90㎖消毒用乙醇（酒精含量80%左右）倒入110㎖的水中，合計總共200㎖。

噴霧罐的選擇方式

酒精水不容易劣化，裝在噴罐裡使用非常方便。但因為溶解效力很高，可能會使塑膠瓶損傷。購買瓶子的時候請選擇標有「酒精可使用」的商品。另外，製作酒精水的時候，先倒入酒精也比較容易損傷瓶子，請先倒入水中攪拌好再裝瓶。

酒精水　使用方式五花八門

榻榻米、地毯

想打掃那些不能用水擦的地方時就用酒精。

餐具或調理台

幫助處理食物的場所殺菌、去除油汙。

壁櫥、衣櫃

清潔不希望裡面有濕氣的地方，同時防霉。

電器產品等

電器產品絕對不能碰到水。這時就要用酒精。

不要直接噴在物品上，請噴在布或者衛生紙上擦拭。

黴菌、細菌&油汙 同時阻斷

和小蘇打或者檸檬酸相比，酒精比較不受人重視，但其實非常好用！畢竟是在醫療現場也會使用的消毒用藥，因此殺菌及防霉等效果當然很好，也非常具有安全性，值得信賴。酒精具有溶解油脂的功效，因此在清除油汙的時候也經常會派上用場。

裝在噴霧罐裡就可以保存，也可以在家中各處隨手放幾瓶。揮發性很高，因此也能使用在不能沾染濕氣的壁櫥或者榻榻米等處。酒精不會殘留，所以不需要擦第二次。

使用的時候製作成濃度35%的酒精水來使用。濃度更低的話會沒有效果，濃度高則可能傷害家具或者家電用品的塗裝、保護漆。有些人不小心噴了原液上去，就發現蠟溶解啦！

5

肥皂

✺以泡泡清洗油汙的唯一天然清潔劑。

✺使用在衣物及餐具等，可用水沖的「清洗物品」上。

名字是？

➔肥皂（原材料名為脂肪酸鈉／脂肪酸鈣）

pH值？

➔ 8～10

液體性質？

➔弱鹼性

使用簡單原料製作而成
容易分解的界面活性劑

擅長

- 清洗餐具。
- 去除衣物或抹布沾附的髒汙。

不擅長

- 清洗留有酸性汙垢的餐具及衣物。

NG

- 由於肥皂是使用油脂製成的，因此沒有好好沖洗乾淨的話，就會成為黴菌及細菌的營養源。

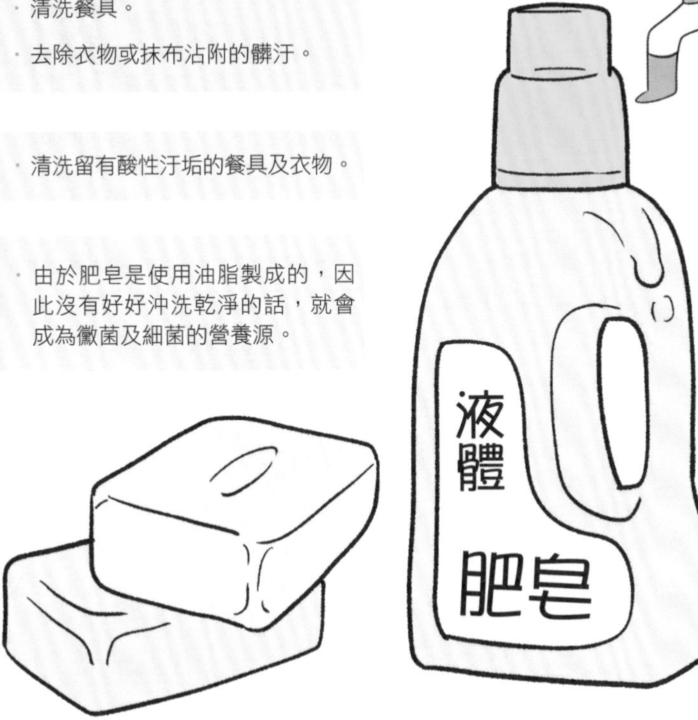

性質

◆ 具有5000多年歷史的界面活性劑。使用天然油脂及鹼製作，原料非常簡單，因此容易分解、也很容易回歸自然。

◆ 結合礦物質以後，就容易成為肥皂屑，轉為頑固汙垢。

◆ 弱鹼性，對肌膚溫和。

讓肥皂發揮最大力量的使用方式

清洗能用水徹底沖洗的東西

衣物

若要用洗衣機清洗，建議使用液體肥皂。

抹布

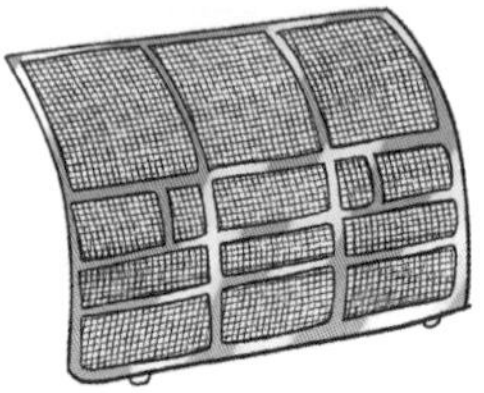

空調濾網

油汙非常頑固，因此請拆下來使用肥皂清洗、沖洗乾淨。

餐具

清洗之前先把汙垢擦掉。

浸泡瓦斯爐架等

與過碳酸鈉一起使用，效果更好。

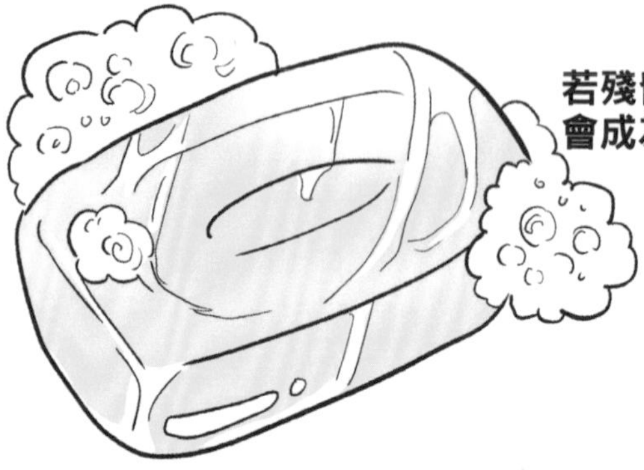

若殘留清潔成分，會成為新的汙垢成因！

巧妙使用肥皂的重點

❶ 先擦去酸性汙垢

肥皂是鹼性的，若有酸附著在上面，便會失去洗淨成分。因此若有醋、檸檬、調味料等帶酸味的食物沾附在上面，就先擦掉，用熱水沖過以後浸泡在小蘇打溫水當中（→P50）。

❷ 使用40℃左右的溫水清洗

溫度愈高，油汙愈容易清洗掉。肥皂的清潔力也會提升，效果非常好。

❸ 以能起泡的濃度使用

肥皂的泡泡會包裹油汙，因此最重要的是好好起泡，連同泡泡一口氣沖掉。泡泡消失的話汙垢會離開泡泡，重新附著到餐具或者衣物上。

巧妙使用便能發揮比合成清潔劑更強的洗淨力

肥皂可以說是天然清潔劑的代表，最基本的使用方式是用於清洗餐具及洗衣。除此之外，可以拆下來沖洗的瓦斯爐架、空調濾網等也都可以用肥皂清洗，非常方便。但是，不太建議使用會起泡的清潔劑來擦地板。清潔劑的成分會成為黴菌及細菌的營養源，導致它們大量繁殖，因此必須要能夠好好沖洗、擦拭才行。

區分肥皂與合成清潔劑的方法非常簡單。如果在包裝上的成分表標示的是「肥皂」，那就是肥皂。也請檢查一下原材料名稱。如果寫著脂肪酸鈉（鉀），那就是肥皂。有時候也會寫成「純肥皂〇%」，並不是比例越高就越天然，那只是單純肥皂成分所占的比例而已。

看來似乎需要卻不使用的3種清潔劑及其理由

碳酸氫三鈉

鹼性強烈、非常方便
但需要擦第二次

幾年前，碳酸氫三鈉非常受歡迎，是天然清潔劑的一種。由於鹼性比小蘇打強，因此清潔汙垢也非常有效，但是很容易造成手部肌膚乾裂，也需要擦第二次或者沖洗。如果是有黏膩油汙需要處理也可以使用，但是使用過碳酸鈉的話，還能同時殺菌及漂白。不過若是在室外只能用水清洗油汙的洗車，或者在露營地也許可以活用。

氯系漂白劑

擔心會對人體造成影響
要殺菌請使用氧系漂白劑

吸入氯氣是非常危險的，尤其是家裡有嬰兒、高齡者或者寵物，就要特別注意。通常鹼性極高，因此要非常小心不能沾到皮膚，也不能誤入眼睛。如果只是想要殺菌和漂白，使用氧系漂白劑（過碳酸鈉）就可以了。若是真的有黴菌的黑色殘留物清不掉，非常想用氯系漂白劑的話，請使用不容易揮發的膏狀產品。

磨砂劑

可以使用小蘇打粉末代替
並不需要特別準備

磨砂劑是用來研磨物品、以物理方式清除那些頑固髒汙的研磨用品。大多數產品除了研磨劑以外，還添加了合成界面活性劑的合成清潔劑。由於小蘇打粉末不易溶於水，因此以粉末狀使用就可以當成研磨劑了，安全性又非常高，並不需要特別準備研磨劑。

與短處一覽表

	小蘇打	檸檬酸	過碳酸鈉	酒精	肥皂

液體性質	非常弱的鹼性	酸性	弱鹼性	中性	弱鹼性
pH	8.2	2.1	10～11	7	9～10
是否易溶於水	×（熱水○）	○	△	○	△（熱水○）
最能發揮功效的溫度	40℃上下	沒有限制	60℃	沒有限制	40℃上下
研磨	○	×	×	×	×
除臭（氣味成因）	△（酸性）	△（鹼性）	△（細菌、酸性）	△（細菌）	△（酸性）
殺菌	×	×	○	○	×
漂白	×	×	○	×	×
噴霧用水使用期限	1天	2～3星期	-	3個月	-
粉（原液）使用期限	沒有特別期限（過碳酸鈉大概每個月打開1次<→P218>）				

5 種清潔劑的長處

	小蘇打	檸檬酸	過碳酸鈉	酒精	肥皂
灰塵、塵埃	×	×	×	×	×
油汙	○	×	○	○	○
水垢	×	○	×	×	×
黴菌、細菌	×	×	○	○	×
瓦斯爐、IH 爐	○	×	○	○	○（爐架）
排水口	○	×	○	×	○
冰箱、微波爐	○	△（製冰盒）	×	○	×
換氣扇蓋	○	×	○（鋁製品不可）	△	×
浴室	○	○（鋁、塑膠製品）	○（小東西、浴槽）	×	△
洗臉台	○	○	×	○（鏡子）	×
廁所	○	○	○（圓形汙垢）	○	×
壁櫥、衣櫥、鞋櫃	×	×	×	○	×
磨石地	○	×	×	○	×
榻榻米、地毯	×	×	×	○	×

PART 3

減少清潔劑！輕鬆愉快打掃乾淨的訣竅

終極的天然清潔是什麼？
如果有人這樣問我，那麼我大概會回答：
「就是不使用清潔劑來打掃。」
在灰塵還輕飄飄的時候
就用撢子清掉吧。
油四濺以後馬上用水擦就可以了。
與其使用漂白劑，不如拿去曬太陽。
不不，更重要的是，
打造出黴菌及細菌無法繁殖的家、
不需要大掃除的房子，
這才是終極的天然清潔，
同時也是讓打掃變輕鬆的最大祕訣。

討厭打掃的人更該維持隨時打掃的習慣

你曾經正確計算打掃需要花費的時間嗎？

為了讓打掃變輕鬆，最重要的就是每天打掃。

……每當我這麼說，似乎就會有人反駁：「那怎麼可能啊！」、「一點都不輕鬆啊！」、「那是妳喜歡打掃才能這麼說！」請各位等等，先前我也寫了，我非常討厭打掃，我也不想多花時間在打掃上。

而我當了許久的「有工作的家庭主婦」以後，獲得的結論就是必須累積短時間勤打掃的成果，才是最輕鬆又不花費時間的打掃方式。

我每天一定會做的，就是打掃廁所和玄關。打掃方法在PART 6當中會說明，花費時間只需要各3分鐘。當然如果是「好一陣子才打掃」，可就沒辦法3分鐘做完了。如果每天打掃的話，就只需要3分鐘。

其他每天都需要做的，就是單手拿著撢子巡邏家中「哪裡有灰塵」，這也只要3分鐘。最後就是「今天最後出浴室的人」要用蓮蓬頭將整個浴室沖一遍，然後用刮刀把水掃掉。這也只要3分鐘。我家不斷做這些3分鐘的工作，就再也不需要大掃除了。

各位曾經正確計算過打掃需要的時間嗎？要把整間房子都給打掃乾淨，當然是要花上好幾個小時，但是如果把場所分成幾個小地方來計算，會發現其實並沒有那麼花時間。5分鐘就能掃完這裡、10分鐘可以掃完那裡、15分鐘是這邊，把這些列成清單，就可以思考「我出門前還有10分鐘，掃一下廁所和流理台好了」之類的事情。如果能夠把每天空閒的時間排進以分鐘為單位的小小打掃工作，那麼生活也會變得十分順暢。

5分鐘內能做的打掃工作範例

- 用吸塵器吸客廳
- 打掃廁所馬桶及地板
- 用吸塵器吸玄關和濕擦
- 乾擦打磨洗臉台
- 打掃流理台及排水口
- 打掃浴缸
- 撢掉室內灰塵

等

訣竅 1

油汙要利用溫熱

理由是？

◆ 溫度愈高，油汙愈容易掉落，因此熱水比冷水好。

◆ 氣溫高一點，頑固的汙垢就會軟化。

五月大掃除建議

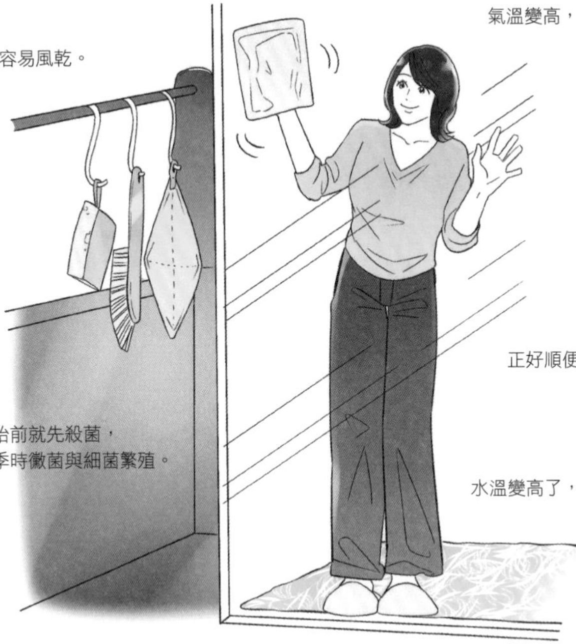

氣溫變高，油汙比較容易清掉。
掃除用具容易風乾。
打掃後清洗衣物也
比較輕鬆。
正好順便打掃陽台及擦窗戶。
在梅雨季開始前就先殺菌，
可以抑制夏季時黴菌與細菌繁殖。
水溫變高了，碰水不會那麼痛苦。

早點用熱水擦拭 不用清潔劑也清爽

清洗沾附了肉類脂肪的平底鍋時，您會使用冷水還是熱水？當然是熱水吧。這在牆壁、窗戶或者服裝上也是相同的道裡。油汙只要在熱水當中都會比較容易掉落。要浸泡清洗換氣風扇時，也是熱水比較好。廚房的牆壁、天花板、沾了手垢的窗戶玻璃，也是用熱水泡過後擰乾的抹布來擦拭，很容易就能清乾淨。

「溫熱」也可以是指氣溫。空氣冰冷的話，油汙就會頑固沾附、很不容易清掉。使用大量清潔劑、以熱水來清潔的話也許就能清掉，但這樣一來手上的皮脂也會被洗掉，同時也很花時間。

建議在初夏到夏季之間大掃除，特別是五月初。在梅雨季前打掃好，細菌就不會在汙垢當中繁殖，也可以預防發黴。

訣竅 2

「時間」是清潔劑的一部分

馬上處理，慢慢等待

理由是？

◆ 油汙只要沾到之後立即擦拭，馬上就變乾淨。

◆ 過了一段時間的汙垢，用清潔劑包覆或者浸泡一段時間，就能夠輕鬆去除。

頑固汙垢對應方式

清潔劑包覆

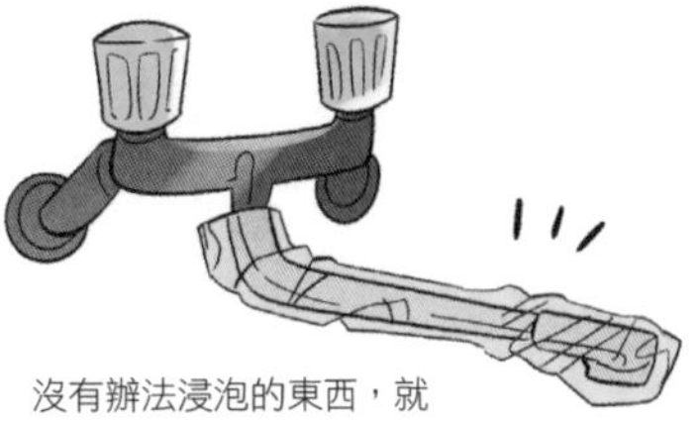

沒有辦法浸泡的東西，就用泡過清潔劑的廚房紙巾包裹起來吧。

浸泡清洗

將流理台的排水口塞住，連流理台一起清潔溜溜。

水煮清洗

將小蘇打與水放入鍋中水煮，就能利用小蘇打的發泡力量清除鍋子裡的焦痕。

在油脂氧化變得硬梆梆之前

以廚房為始，油汙會沾附在各式各樣的地方。如果放著不管，要擦掉就會變得愈來愈困難。首先最重要的，就是在油汙飛濺以後立即擦掉。這個階段還不需要清潔劑。用小蘇打水也ＯＫ。

問題在於放置一段時間之後。油脂會隨著時間過去而開始氧化，和灰塵混合在一起，變得黏答答。瓦斯爐或者烤網上的汙垢，再次加熱以後會變為帶焦痕的汙垢。這樣一來可就不是用擦的就能簡單解決。

這時候不要想著「得用更強的清潔劑」，而提高清潔劑的強度，還是交給時間處理吧。可以用浸泡了清潔劑的廚房紙巾將東西包裹起來，或者直接浸泡在清潔劑當中。等到過了一段時間，清潔劑滲透到汙垢當中，要清掉汙垢可就易如反掌了呢。

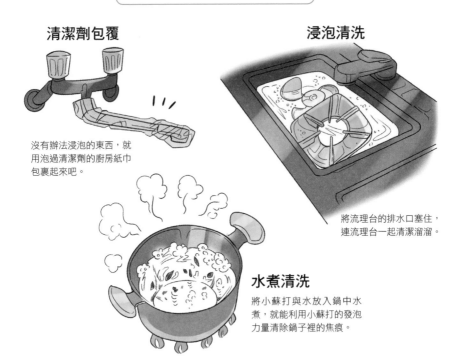

訣竅
3

用撢子每天巡視灰塵

理由是？

◆灰塵是家中最多的汙垢，很容易堆積起來。

◆放著不管就會和油汙混在一起，變成黏答答的汙垢。

◆新鮮的灰塵用撢子就能輕鬆去除。

本橋家的灰塵巡邏隊！

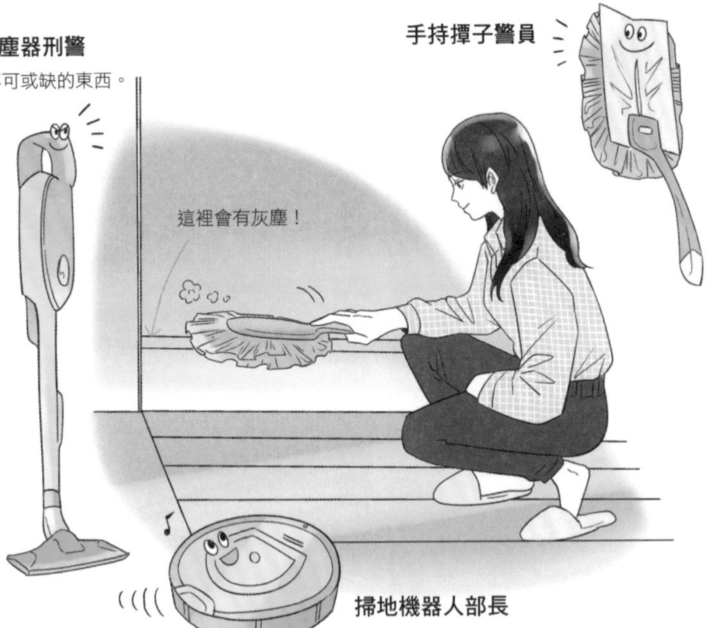
充電式吸塵器刑警
打掃樓梯不可或缺的東西。
地板基本上就交給它了。

在灰塵還是「好孩子」的時候就處理

灰塵基本上是個好孩子，只要用吸塵器或者魔術撢子物理性清除，不需要清潔劑就能乾淨溜溜。

但若放著不管，他們就會結交到壞朋友，結黨成為壞孩子。我指的就是空氣中的油汙以及濕氣。灰塵和油汙混在一起的話，會沾黏在家具以及牆壁上；與濕氣結合會造成黴菌以及細菌繁殖，導致室內有難聞的氣味。這樣一來若沒有清潔劑，就無法去除它們了。

因此，最好每天都要處理灰塵。就算是「每天都會開吸塵器」的人，也很容易遺忘高處。請用拋棄式的手持撢子，輕鬆的揮一下架子、空調機、燈具以及扶手、窗簾軌道和門上吧。尤其是踢腳板（牆壁上離地面幾公分的小木板），也是很容易堆積灰塵的地方。常用撢子揮一揮，打掃起來就很輕鬆。

訣竅 4

掃除要由上而下 由內而外

理由是？

◆ 打掃牆壁和天花板的時候，灰塵及汙垢會掉落到地面，因此最後才掃地面。

◆ 擦拭清潔從房間最裡面做起，就不會踩到已經擦過的部分。

從慣用手的那邊開始打掃

如果慣用右手……
抹布從身體外側
往內側動
小指在外側
確實使力

大掃除的時候要先想好順序再開工

打掃室內的時候，大原則是「由上到下」。由於灰塵會從上方落到下面，因此依序打掃天花板、架子及牆壁、最後再打掃地板會比較有效率。另外，上面的汙垢也比較少，可以不需要一直清洗打掃工具。

「由內而外」則是擦拭打掃地板或者使用吸塵器時的規則。如果從房間最裡面打掃起，那麼打掃結束也可以不踩到房間地板就走出去。另外，拉吸塵器的時候從遠處往內拉，也比較好使力。

如果是擦拭打掃，慣用右手者就「由右往左」；相對慣用左手的請養成「由左向右」的動作習慣。從身體外側往內側挪動手部，使力上會比較有效率。因此，如果是擦拭清潔窗戶，慣用右手的人還請從最右邊的窗戶打掃起。

訣竅 5

殺菌不要依賴清潔劑
以日光與熱水消毒

理由是？

◆ 能殺死細菌的清潔劑非常強，能不用就不要用。

◆ 日光只需要曝曬1小時。用熱水的話5分鐘就消毒完畢。

本橋家的砧板

比較小的款式

可以放進洗碗機的尺寸。

有4塊

切完肉類或魚馬上放進洗碗機。

有穿洞

這樣才能夠掛著風乾。

非常穩固的材質

極為耐熱也耐光、不容易變形。

大多數中性清潔劑都不具備殺菌效果

曾經有人問我：「不使用清潔劑能夠殺菌嗎？」一般的中性清潔劑（合成清潔劑）大多數別說是沒有殺菌效果了，如果沒有好好沖洗，反而會成為細菌的餌食。當然也可以使用殺菌效果很高的清潔劑，但是效果愈好，毒性也就愈強。如果不使用清潔劑殺菌，當然對身體和環境都比較好。

工具在使用之後，可以的話就盡快好好風乾，這樣便能夠預防細菌繁殖。有調查結果顯示，如果是在日光下曝曬，只要1小時左右，細菌數量就幾乎歸零。

熱水消毒只需要煮沸5分鐘，就沒有細菌了。如果覺得麻煩，也可以用洗碗機。選擇廚房用品的時候，選擇耐熱、容易乾的東西也很重要。

訣竅
6

沾水的工具不要放在地上

理由是？

◆ 與其打掃黴菌，不如打造一個不會發黴的環境。

◆ 盡可能減少工具與水分接觸便可預防發黴。

本橋家的懸掛式健康法

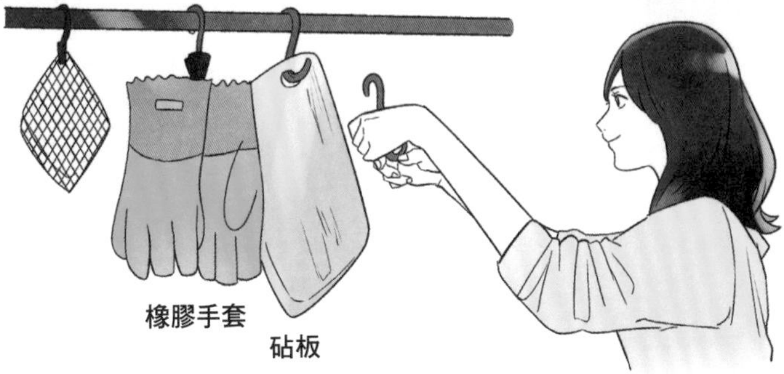
在流理台上方裝設了
吊掛東西用的橫槓
清洗餐具用的網狀抹布

吊掛夾

選購能夠懸掛的工具

在我家廚房裡，懸掛了各式各樣的東西。砧板、洗餐具用的抹布、橡膠手套都是掛著。等到全部都完全乾燥了以後，我才會收到抽屜裡面。

我家並沒有大家經常看見的「擺放清潔劑及海綿的放置架」。那種地方上頭擺的東西要完全乾燥實在太過困難。一直維持在潮濕狀態的海綿是細菌的溫床。根據數據顯示，只要2個星期，細菌就會多到和廁所裡的海棉一樣。

基於相同理由，我家的浴室也幾乎不擺東西。洗髮精等東西，要用的人自己拿進去，用完以後就擦乾水分收拾好。洗臉盆和小水桶等，全部都選擇有打洞可以懸掛的款式。

討厭打掃黴菌的人，還請打造一個不會發黴的環境。

訣竅 7

選擇打掃工具的標準是容易清洗、容易乾燥

理由是？

◆ 工具殘留水分容易成為細菌的巢穴。

◆ 殘留細菌的工具，可就不是打掃工具了。

本橋家不太使用的打掃工具

洗碗海綿

很難乾！只有偶爾打掃排水口的時候會用。

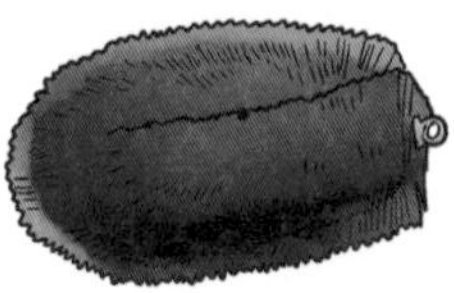

鬃刷

很難乾！

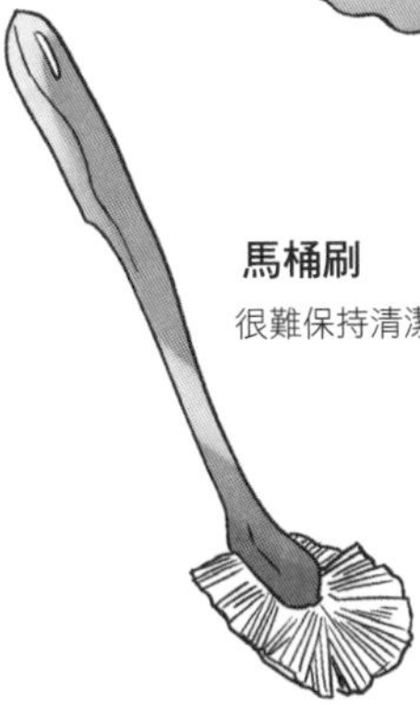

馬桶刷

很難保持清潔。

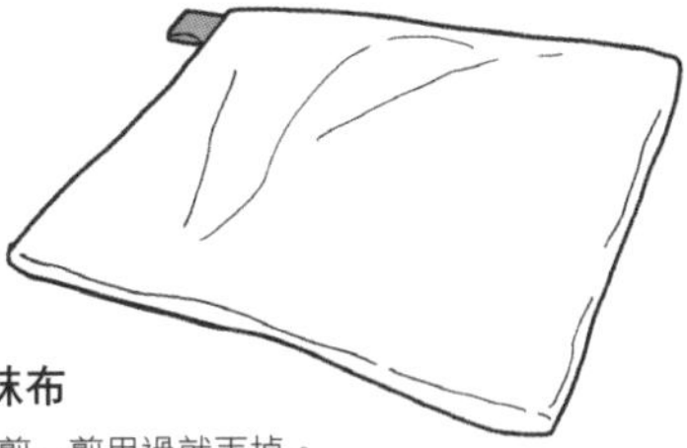

毛巾抹布

舊毛巾剪一剪用過就丟掉。

打掃工具要在當天就完全乾燥

當我還是小學生的時候，打掃學校使用的是用毛巾縫成的抹布。用水清潔也無法洗掉上面的汙垢、也沒能好好擰乾、掛在桌邊的小掛勾晾……理所當然會發臭。

但是，打掃工具是不應該發臭的。氣味的原因是細菌，這樣打掃只會讓細菌的範圍更加擴大。正因為是打掃工具，保持清潔是最重要的。

當然，具備能夠有效清潔汙垢的功能，也是非常重要的。天然清潔不使用過於強烈的清潔劑，也盡量避免使用合成清潔劑，因此能夠幫忙去除汙垢的工具是不可或缺的。

下一頁開始，我會介紹自己愛用的打掃工具。都是一些非常方便又能夠保持清潔的物品。

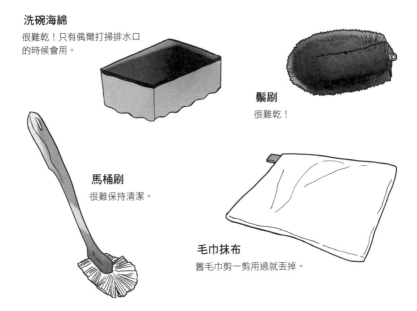

推薦掃除工具15項

以極細纖維抓住汙垢

1 纖毛抹布

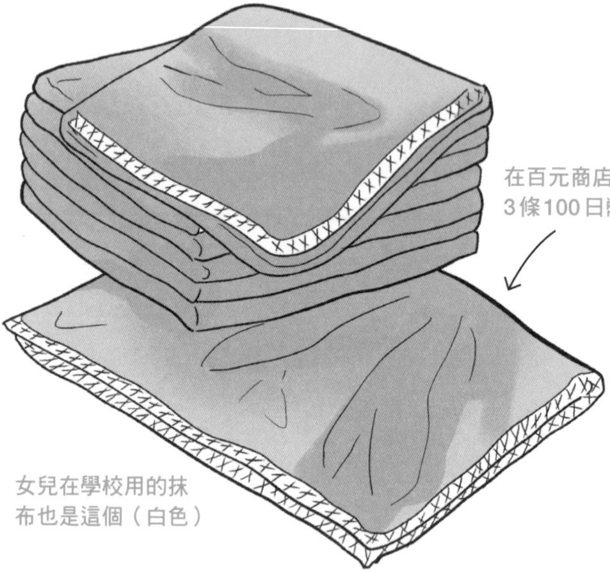
在百元商店大約是

據說是只有毛髮百分之一的極細化學纖維，因此只要沾水就能夠擦掉細小垃圾及汙垢。也有容易乾燥、易於保持清潔的優點。因為非常便宜，可以準備個20條，大掃除的時候就能準備好許多泡過小蘇打水的「小蘇打抹布」。一口氣擦完以後全部丟進洗衣機洗，然後馬上風乾。

注意點

- 如果拿去擦拭灰塵或者硬梆梆的油汙，清洗起來會非常困難。請先用紙巾或者用過就丟的布類等物品擦去汙垢以後，用來做最後收工。
- 不適合熱水消毒。

每天打掃灰塵的好夥伴

2 手持撢子

要經常清潔灰塵，手持撢子是不可或缺的。家具、電器用品，或者狹窄縫隙之間的灰塵都能輕鬆掃掉，非常方便。魔術撢子是靠靜電的力量，只要沾上去的灰塵就會被吸附，不會飛走。在撢子本身還很乾淨的時候先從高處、灰塵少的地方打掃，變髒了之後就打掃地板等處然後丟掉。

注意點

- 不適合清潔已經混了油汙的灰塵。

清潔劑裝進易於使用的罐子

4 調味瓶

粉末類清潔劑用調味瓶。液體肥皂裝這種罐子也很好用

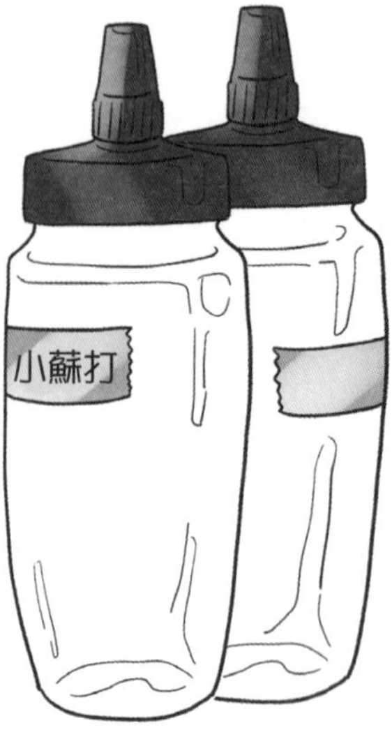

不會弄髒手，馬上就能倒出粉末，也不太會堵塞。

3 噴霧罐

酒精水、檸檬酸水、小蘇打水

天然清潔劑最好裝在方便使用的罐子當中，先準備好。如果裝在原先的瓶子或袋子當中，很容易因為濕氣而凝結，因此粉末清潔劑最好分裝到調味罐裡。另外，如果想要將液體清潔劑拿來噴，就做成溶液裝進噴霧罐當中。

注意點

- 酒精很可能會融化罐子，要選擇酒精可用的噴霧罐。
- 小蘇打水無法放置太多天，因此不可以長期放在噴霧罐當中。

選擇「前端斜角」的款式

刷子 5

請準備兩把刷子，分別用來刷浴室以及玄關等處地板，以及掃出狹窄部分汙垢。不要用海綿款的，請選擇容易乾燥、好使力的商品。

細刷

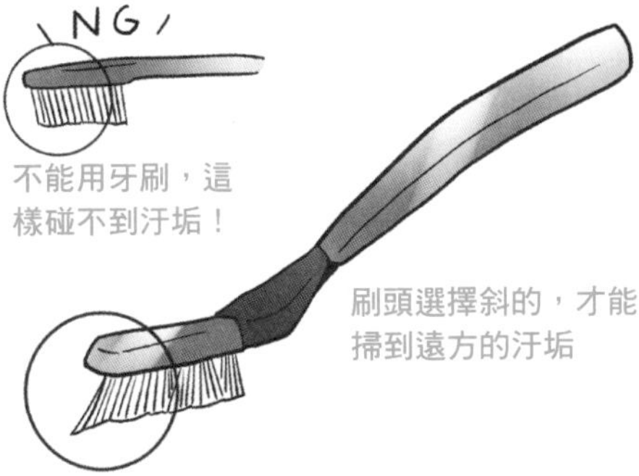

不能用牙刷，這樣碰不到汙垢！

刷頭選擇斜的，才能掃到遠方的汙垢

浴室用刷

持柄較短的浴室用刷很好使力，非常方便。

加上室外專用刷頭

紙袋式吸塵器 6

打掃玄關和陽台的時候通常會用掃把，但為了不要煙塵滿天，用吸塵器還是比較方便。由於這樣會吸到沙子和泥土，使用紙袋式的話比較好清潔吸塵器本身。可以在百元商店購買吸塵器的刷頭，專門用來打掃陽台及玄關。

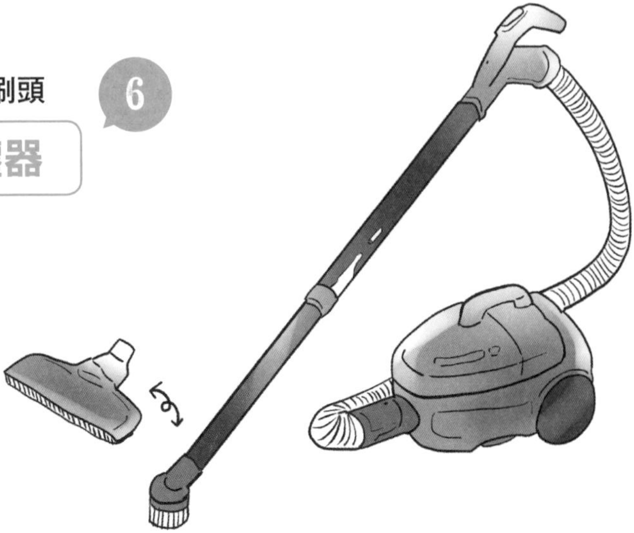

預防發黴的救星

7 刮刀

打掃浴室牆壁及清乾地板不可或缺的工具就是刮刀。在浴室放一支，只要洗好澡就刮乾積水，這樣就非常具有預防發黴的效果。也可以用來打掃窗戶。

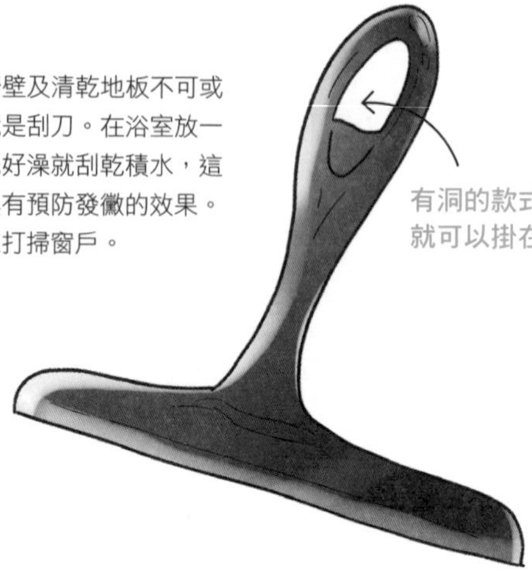

有洞的款式
就可以掛在浴室裡

簡直是橡皮擦？

8 美耐皿海綿

其實還挺硬的，小心傷到物品

美耐皿材質的海綿。特徵是只要沾水就能夠磨掉汙垢。由於具有研磨效果，因此很容易傷到東西，甚至可能會把塗裝磨掉。

不需要海綿啦

9 網狀抹布

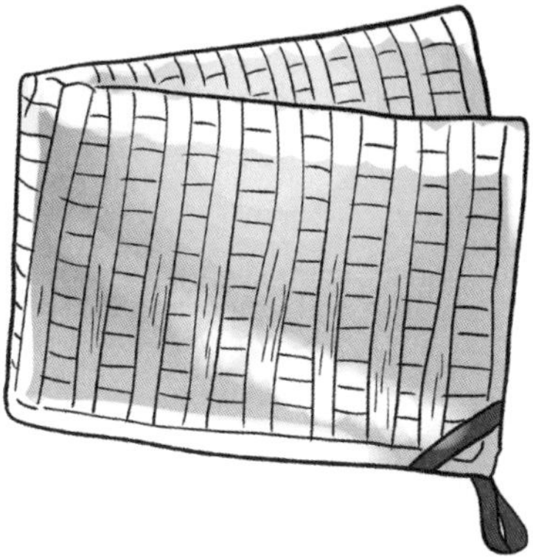

清洗餐具或者打掃浴室的海綿，很容易殘留清潔劑，又不能快乾。網狀抹布的優點就是薄而易乾。也可以代替壓克力鬃刷使用。

細緻款可清理水垢

10 砂紙

水垢固結的話就很難用清潔劑去除。請使用水垢專用的砂紙來磨掉吧。選擇具有耐水性、500號以上的細緻砂紙。也可以用來清頑固的鍋子焦痕。

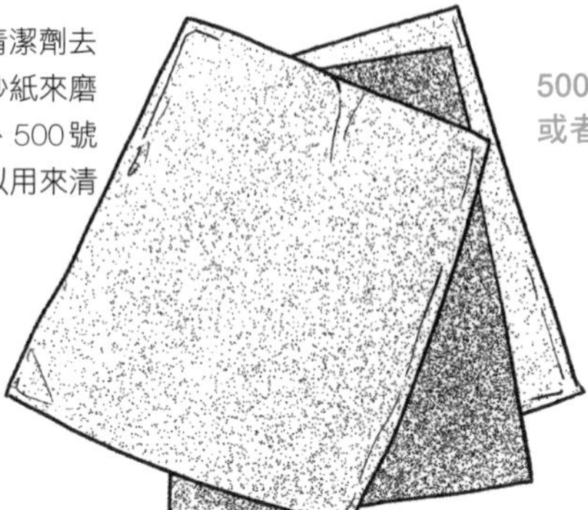

500號以上
或者是水垢專用款

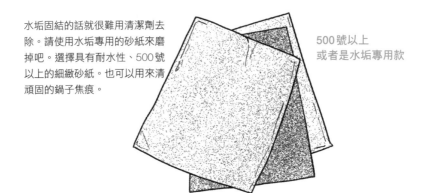

請先養成馬上擦拭的習慣

用過即丟的紙張、布料

11 12

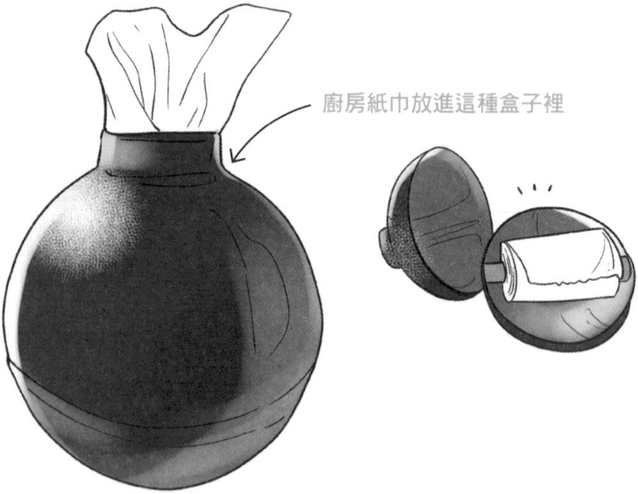
廚房紙巾放進這種盒子裡

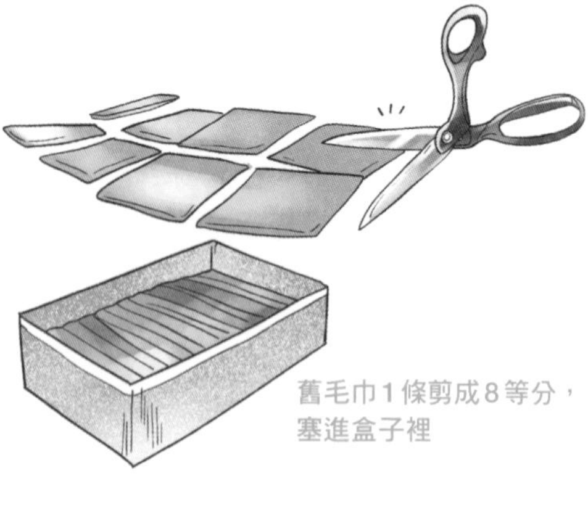
舊毛巾1條剪成8等分，
塞進盒子裡

飛濺到牆壁上的油汙、殘留在平底鍋中的油脂等，用廚房紙巾就能馬上擦掉，非常方便。因為要放在廚房，最好選擇無香料的款式。擦拭玄關及洗手間不可或缺的，則是可以用完就丟的舊毛巾。請剪成小小塊，經常備在手邊。

13

打掃排水口

矽膠杯蓋

這種矽膠蓋通常是作為馬克杯的杯蓋。用來打掃排水口非常方便！(→P112)

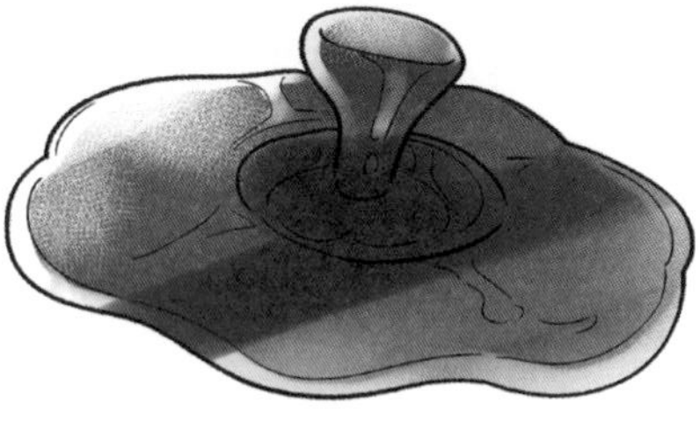

15

清潔劑包覆用

廚房紙巾

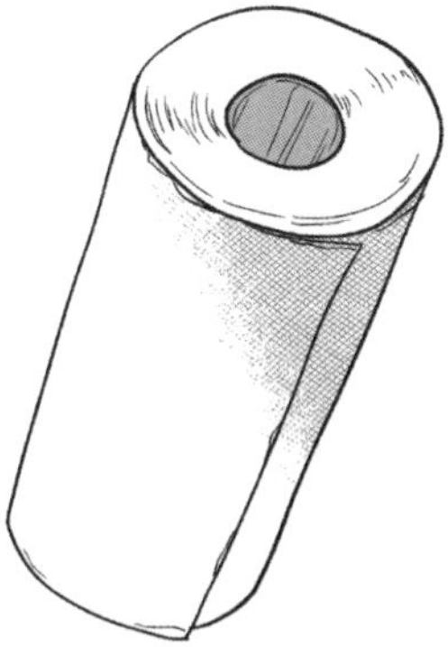

用來泡清潔劑之後包覆物品非常方便。特別是在清潔水垢的時候極為好用。種類繁多，請選擇紙漿製、較厚的商品，而非不織布的。

14

頑固汙垢用

鏟子

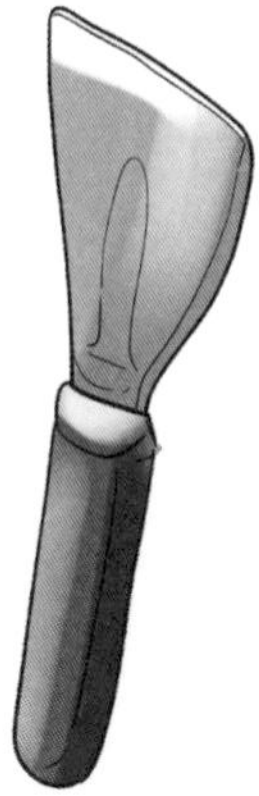

頑固的汙垢先噴上清潔劑，等浮起來以後再刮吧。有些刷子的柄本身就是鏟子。也可以用文字燒的鏟子。

PART 4

成為打掃廚房的專家！

製作食物的場所。
有生鮮、用油用水的場所。
家中汙垢最為顯眼而令人在意的場所。
沒錯，就是廚房。
因為每天都會使用，所以每天都會弄髒。
正因如此，更不該累積髒汙。
堆積起來的髒汙，
就軟化它們再好好清除吧。

處理食物的廚房是多種汙垢的集合處

是食物還是汙垢？不要製造廚房的「光與影」

不管是多麼擅長做菜的人……不，應該說是愈擅長做菜的人，廚房就愈骯髒。除了平底鍋中的油容易飛濺出來以外，融合在水蒸氣當中的油脂也會沾附在牆壁以及天花板上，肉類和魚類的蛋白質髒汙也容易腐壞，成為討人厭氣味的成因。

但是那些汙垢，在稍早的時候都還是食物呢。瓦斯爐架上的汙垢，原先也是食物。進了大家口中的東西就成了營養、放著不管就會變成焦痕、頑固的汙垢，或者是黴菌、細菌以及腐敗臭味。這正可說是食物的光與影。但是，反過來思考，排水口如果才剛沾附油汙，那就跟餐具是一樣的。就像清洗餐具一樣，請每天清洗爐架和排水口吧。只要養成習慣，根本就不用大掃除呢。

廚房的汙垢有哪些？

換氣扇
油汙
灰塵
瓦斯爐
油汙
焦痕（食物殘渣）
排水口
黴菌、細菌
食物殘渣
流理台
油汙
食物殘渣
水垢
牆壁及櫃子
油汙
灰塵

瓦斯爐

✱只要覺得「是髒汙」就立即擦掉。
瓦斯爐在還溫熱的時候不需要清潔劑。

✱爐架和餐具一起清洗吧。
放到洗碗機裡也行。

使用物品

用過即丟的紙張、布類
使用廚房紙巾或者用過即丟的紙張、布類，立即將汙垢擦掉

小蘇打
每天打掃只需要用小蘇打水擦過就很乾淨。不需要再次擦拭

過碳酸鈉
水煮清洗、浸泡清洗的時候使用弱鹼性的清潔劑

其他使用物品
…網狀抹布

每天打掃

餐後拆下爐架擦拭清潔

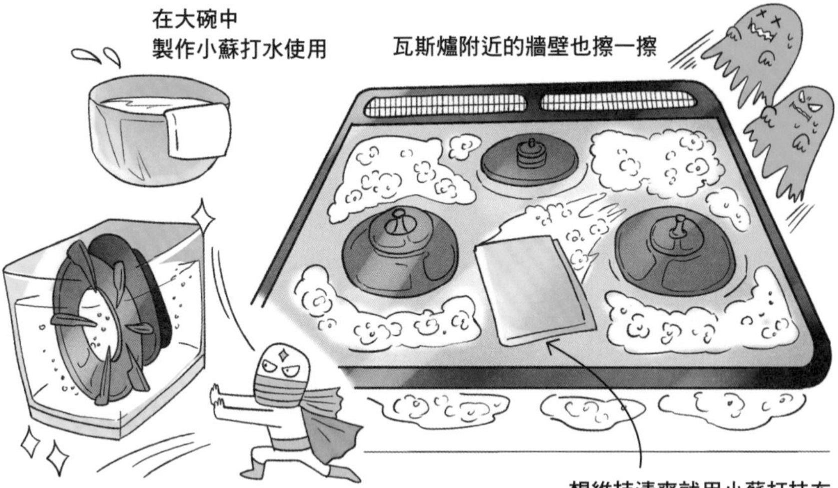
想維持清爽就用小蘇打抹布
擦拭（→P50）
爐架拆下來之後，
也可以使用洗碗機來清潔

享用完美味餐點後將餐具及爐架都清洗乾淨

瓦斯爐架上的汙垢是油汙，過了愈久會愈難清潔。油汙飛濺以後，馬上擦掉是最好的。請將用過即丟的紙張或布料放在伸手可及的地方。

確實的打掃在餐後做就可以了。以清潔餐具的方式，將爐架也一起洗乾淨。

首先在大碗中製作1％的小蘇打水。小蘇打不太溶於水，因此請打開熱水，使用大約40℃上下的溫水。將抹布浸泡在當中後擰乾，拆下爐架仔細擦拭爐子。順便擦一下爐子附近的牆壁和地板。拆下來的爐架用剩下的小蘇打水清洗，或者放進洗碗機當中。一開始可能會不太想這樣洗，但每天清洗的話就會覺得和烹調工具差不多。如果髒汙情況嚴重，請使用下頁的方式。

大掃除

水煮清洗瓦斯爐零件

1. 瓦斯爐零件全部拆下來放進平底鍋中。
2. 放入可以蓋過零件的水和過碳酸鈉並開火。
3. 沸騰之前關火，冷卻之後好好沖洗。

無法水煮清潔的部分浸泡在流理台中

實在不太想把爐架或者瓦斯爐零件放進洗碗機當中……如果這樣，那就先洗得乾淨到覺得放進去也沒關係吧。硬梆梆的髒汙非常難處理，因此要使用天然清潔劑當中最強的鹼性清潔劑，也就是過碳酸鈉。

如果大小是能放進平底鍋的東西，那麼最好的方法就是水煮清洗。沸騰之後才放清潔劑的話很容易噴出來，因此請在開火之前就放入清潔劑。過碳酸鈉在60℃當中效用最好，因此不可以煮到沸騰一直滾。請在沸騰之前關火。熱水冷卻之後汙垢應該就會慢慢軟化了。還是洗不掉的部分，就灑上小蘇打粉末用研磨的。

如果放不進平底鍋，那就以處理換氣扇蓋的方式來浸泡清洗（↓P108）。

大掃除

因油汙及灰塵而變髒的牆壁用小蘇打水包覆

1. 在大碗中製作1%的小蘇打水，將厚的廚房紙巾泡在裡面。
2. 稍微擰乾之後張貼在汙垢上，等待五分鐘。
3. 拿掉紙巾，使用浸泡過小蘇打水的抹布擦拭。

POINT

擦拭清潔的訣竅

・烹調時牆壁的溫度會上升，這時候會比較好擦。
・擦拭的時候由上往下。這樣可以防止混合了髒汙的水往下流。

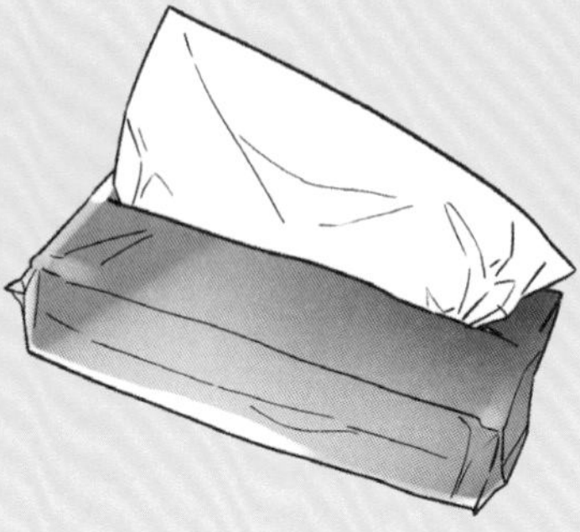

擦拭廚房周遭使用廚房紙巾

纖毛抹布的缺點就是很難擦掉油汙。就算先以用過即丟的紙張擦拭過了，一旦沾附油汙，就會變得黏答答。因此我在廚房擦拭打掃使用的是廚房紙巾。或者將衛生紙裝在可愛的面紙盒當中，也相當經濟實惠。

IH爐

✹ 汙垢殘留又再次加熱，會更加頑固。注意鍋底的髒汙！

✹ 用來處理頑固汙垢的工具，會因為面板材質不同而而異。

使用物品

用過即丟的紙張、布類

使用廚房紙巾或者用過即丟的紙張、布類，立即擦掉汙垢

小蘇打

每天打掃就用小蘇打水。頑固汙垢以小蘇打水包覆

大掃除　請先試著用小蘇打包覆！

1. 使用大碗等物品製作1%的小蘇打水，浸泡較厚的廚房紙巾。
2. 將廚房紙巾鋪在面板上，靜置5分鐘。
3. 拿起廚房紙巾，擦拭面板。若是還有汙垢殘留，就灑上小蘇打粉，用海綿擦拭清洗。

注意鍋底
有沒有髒汙！

養成每天立即擦拭的習慣 讓面板更加長壽

IH爐最大的魅力，就是平滑的面板。不管是四濺的油，還是噴出來的牛奶，都能夠趕緊擦拭、保持乾淨。但是，如果放著髒汙不管而直接加熱，就會成為看上去非常可怕的焦痕，而且會像瓦斯爐的爐架那樣，根本清不起來，一旦焦了就會很難清理。

有些面板的材質不能使用某些清潔劑或者清潔工具，因此請先確認一下說明書的內容。如果可以使用鹼性清潔劑，那就試著用小蘇打水包覆吧。若焦痕依然殘留在面板上，那就灑上小蘇打粉，用海綿稍微研磨擦拭。要注意美耐皿海綿可能會損傷面板。另外，如果鍋底有汙垢，也會讓面板燒焦，務必要擦乾淨。

換氣扇蓋

＊蓋子的外側很容易變的黏黏的。
請務必要「熱水擦拭」、「檢查灰塵」。

＊濾網大約
2個月一次浸泡清洗。

使用物品

小蘇打
日常打掃只需要用小蘇打水擦過就很乾淨，不需要再次擦拭

過碳酸鈉
浸泡清洗使用過碳酸鈉非常方便

熱水
放在60℃的熱水當中，清潔效果非常棒

其他使用物品…
手持撢子、塑膠袋

大掃除　塞住流理台，浸泡東西吧

1. 用塑膠袋等物品塞住排水口，然後開約60℃的熱水，水積到一定高度。
2. 溶解2～3大匙過碳酸鈉在其中，放入濾網，靜置至熱水冷卻。
3. 放掉熱水，在濾網上灑小蘇打粉後以刷子研磨清洗。用水沖乾淨以後風乾。

堵住流理台的方法

在排水口的垃圾籃下放塑膠袋，然後再蓋上蓋子。裝了熱水之後會因為水壓而更穩固。

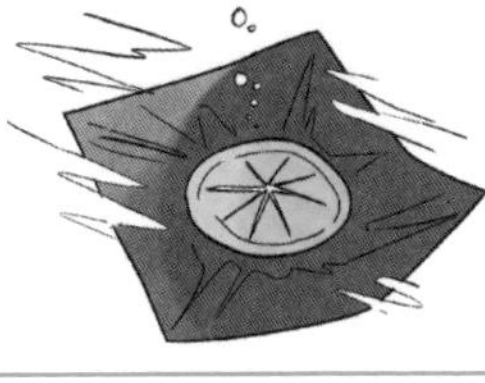

換氣扇本身用洗碗機就能清潔溜溜

請經常摸摸換氣扇蓋的外側，如果因為油汙及灰塵而變得有些黏黏的，就用小蘇打水包覆（↓P105）。但是，在那之前請經常使用撢子除去灰塵，並以小蘇打抹布（↓P90）擦拭。

濾網也是大約2～3個月就要浸泡清洗。這個時候，順便清洗裡面的風扇（螺旋扇）也挺不錯。用洗碗機就可以了。這樣能夠高溫熱水清洗，絕對乾淨溜溜。

流理台

流理台有酸性汙垢及鹼性汙垢混合在一起。使用2種清潔劑就能乾淨溜溜。

最後將水滴也都擦乾，就能預防黴菌、細菌。

使用物品

小蘇打
有大量油汙及食物殘渣的流理台，使用鹼性清潔劑非常有效

檸檬酸水
水垢是鹼性的汙垢，因此要使用酸性的清潔劑

纖毛抹布
為了不要殘留水滴，最後擦乾各處

其他使用物品…
網狀抹布、毛巾

每天打掃

養成清洗餐具後清潔流理台的習慣

1. 將小蘇打粉灑在流理台內，以網狀抹布等物品擦拭，然後沖掉。
2. 每週大概一次，用檸檬酸水噴整個流理台和水龍頭。
3. 最後以纖毛抹布將水滴全部擦乾。

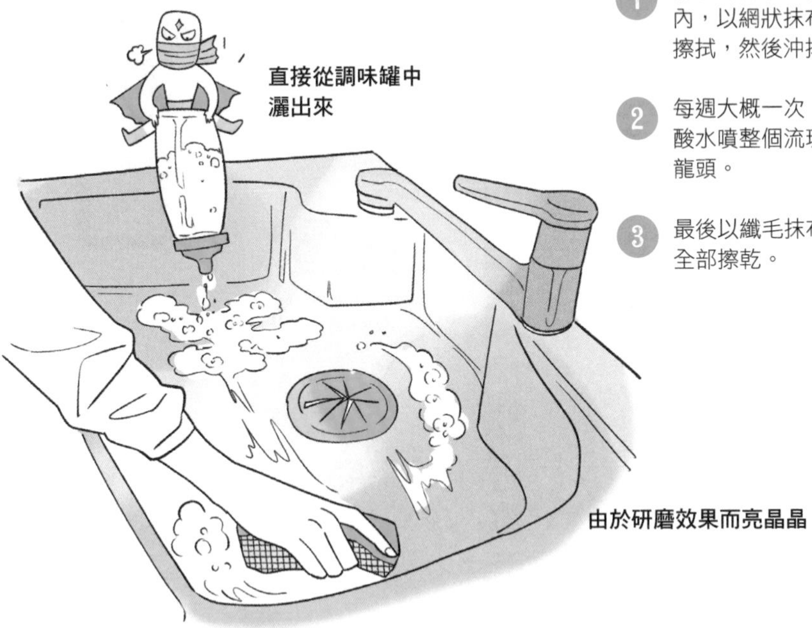
直接從調味罐中灑出來
由於研磨效果而亮晶晶

小蘇打掃除要每天 檸檬酸一週一次

雖然説有2種汙垢，但是不可以將檸檬酸與小蘇打混在一起做成一種清潔劑。鹼性與酸性混在一起就會變成中性了，這樣會沒有清潔劑的效果（順帶一提，所謂「中性清潔劑」，是以合成界面清潔劑的泡泡來去除髒汙的清潔劑）。

要清潔流理台內部，可以使用小蘇打粉代替研磨劑。這樣一來即使與流理台內的水分混合在一起，也可以變成鹼性清潔劑。使用完廚房，最後以乾纖毛抹布擦一擦，便能預防水垢。檸檬酸水大概1週使用1次也就夠了。

有人會問我：「那麼將水擦乾的抹布要在哪裡洗？」這畢竟是用來擦拭乾淨流理台的抹布，因此我會和衣物一起用洗衣機洗。

排水口

使用物品

矽膠杯蓋
使用馬克杯的矽膠杯蓋，堵住排水口

過碳酸鈉
除了去除髒汙以外，也能夠殺菌

熱水
和排水口的水混合以後，差不多是60℃左右

- 排水口滑溜溜的黑色髒汙真面目是黴菌與細菌。
- 每天清洗的話就跟洗餐具沒兩樣，如果不方便每天做，那麼就每週1次殺菌漂白。

每週打掃

以過碳酸鈉的力量破壞細菌巢穴！

1. 拆下零件以後，用矽膠杯蓋擋住排水口。
2. 倒入熱水，加入1～2小匙過碳酸鈉。
3. 將熱水倒滿到稍微超過排水口，把拆下來的零件放回去以後，靜置一整個晚上。
4. 第二天早上拿起矽膠杯蓋排水。

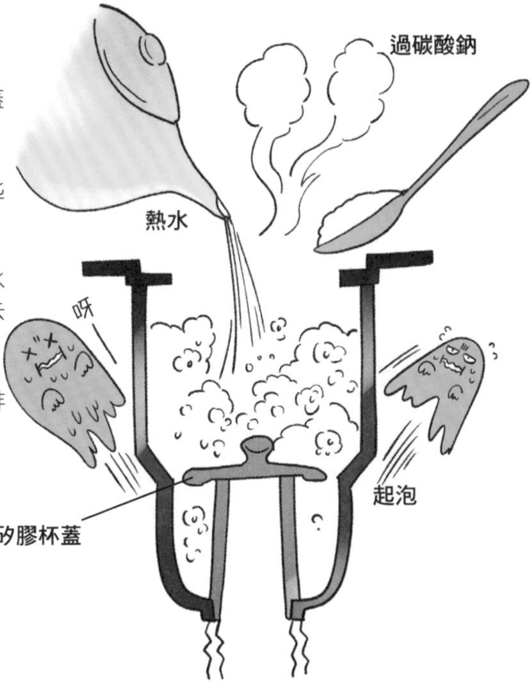

馬克杯用的杯蓋是打掃排水口的救星

廚房的排水口結構有些複雜。首先是有垃圾籃（排水籃），下面還有名為存水彎的積水處，還有個像是覆蓋在上面、狀如帽子一般的蓋子。這原先是為了防止下水道的臭味以及蟲子入侵，但是因為有積水，細菌非常容易繁殖。

垃圾籃和蓋子都能夠拆起來清洗，但是要完全清洗內側實在非常困難。因此還是請大家每個星期一次將排水口積滿熱水，進行殺菌漂白吧。廚房沒有將排水孔堵住的功能，因此要使用馬克杯的矽膠杯蓋。放上去以後可以利用熱水的水壓密合，能夠完全堵住排水口一整個晚上，排水的時候也能夠一口氣排掉。這麼做還能預防水管堵塞。

排水管

廚房的排水管，
容易因為油汙而變得狹窄。

如果覺得「水似乎排得有點慢」，
就用小蘇打與檸檬酸開始噗滋噗滋作戰！

使用物品

小蘇打

利用它與酸混合在一起會形成碳酸氣體（二氧化碳）的特性

檸檬酸

為了讓小蘇打發泡而使用的酸性清潔劑

大掃除

以小蘇打的發泡反應剝除排水管的汙垢

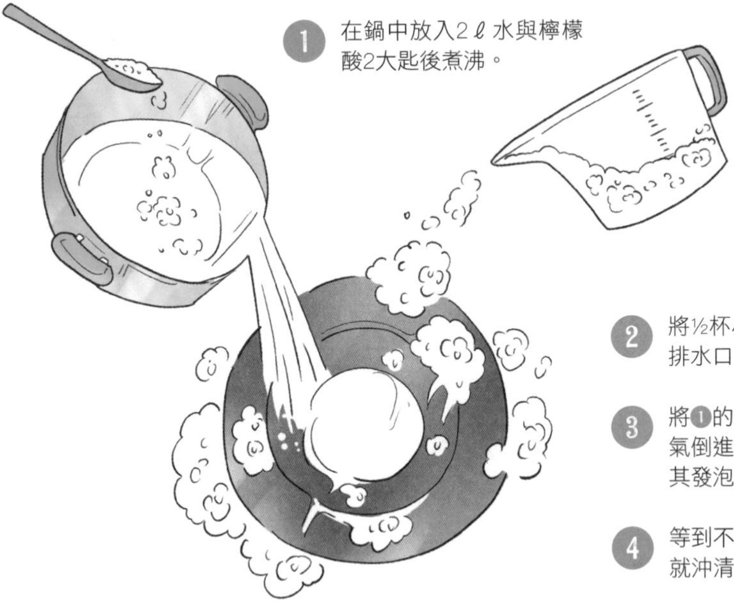

1 在鍋中放入2ℓ水與檸檬酸2大匙後煮沸。

2 將½杯小蘇打灑在整個排水口。

3 將❶的檸檬酸熱水一口氣倒進排水口當中，使其發泡。

4 等到不再有泡泡出現，就沖清水下去。

排水口乾淨 水管就不易堵塞

排水口下方是連接下水道的排水管。如果此處因油汙或者毛髮而堵塞，水流就會變得不太通暢。如果發現這種情況，我希望大家能試試小蘇打與檸檬酸的「噗滋噗滋作戰」，利用發泡的力量，沖走排水口深處的水管堵塞物。雖然市面上也有販售一些強力清潔用的錠劑，但原理是一樣的。小蘇打有如此方便的使用方式，實在是天然清潔不可或缺的工具。使用相同的方式，也可以清潔浴室及洗臉台的排水管。不過，如果經常進行112頁所介紹的排水口打掃的話，就不太需要清潔排水管了。一次大量排出具有殺菌效果的水，就能夠同時大掃除排水管了。

水龍頭

用檸檬酸水打磨，水龍頭也會像鏡子一樣亮晶晶。

酸會造成生鏽，因此噴上去的檸檬酸水一定要好好擦乾。

使用物品

檸檬酸水
要預防及清除水垢髒汙，最有效的就是檸檬酸水

廚房紙巾
檸檬酸包覆要使用較厚的廚房紙巾

纖毛抹布
最後使用不太會起毛的纖毛抹布擦乾，比較方便

其他使用物品…刷子

大掃除 5分鐘檸檬酸包覆 水垢清潔溜溜

1. 將水龍頭整體噴上檸檬酸水。
2. 用廚房紙巾將水龍頭包起來，然後再次噴灑檸檬酸水。
3. 過了5分鐘以後拿掉廚房紙巾，以纖毛抹布擦乾檸檬酸水。
4. 最後再用乾的纖毛抹布將所有水分擦乾。

每天打掃只要擦乾就OK

水龍頭亮晶晶的，總是讓人覺得舒服。廚房自不用說，而洗手間的水龍頭則是特別容易被客人看到的地方。水龍頭變得霧濛濛，是水垢造成的。每星期用檸檬酸水打磨一次便能乾淨溜溜。每天只要好好擦乾濕氣，就能夠預防水垢。

另外，水龍頭的基底處容易積水，也很容易沾附食物殘渣，易導致水垢發黴，因此要經常用刷子清理。

這個形狀的刷子，正好符合縫隙及弧度。

冰箱

✹ 噴上酒精水殺菌。油汙也乾淨溜溜。

✹ 不要讓製冰機內側成為黑盒子。

✹ 就算在冰箱裡放小蘇打粉也無法消除臭味。

使用物品

酒精水
使用殺菌效果高的酒精清潔存放食物的地方

纖毛抹布
擦拭酒精噴過的地方

檸檬酸水
清潔製冰盒要使用2%的檸檬酸水

每天打掃　硬梆梆的髒汙用自來水敷10分鐘

1. 將酒精水噴在冰箱外側，以纖毛抹布擦乾。
2. 內側架子如果有很在意的髒汙，一樣噴酒精水後擦乾。
3. 凝固的汙垢用浸泡了自來水的廚房紙巾敷10分鐘，之後噴上酒精水擦乾。

可能是有腐壞的食物。
除去原因之後再用酒精水打掃！

大掃除　用檸檬酸水清潔製冰盒

清潔製冰盒

1. 將5小匙檸檬酸溶解於1ℓ水當中。
2. 將❶放入製冰機的盒子當中製作檸檬酸冰塊。
3. 全部變成冰以後就把冰塊丟掉，再裝1ℓ水到盒裡做成冰塊，之後丟掉這些冰塊就完成了。

※清洗盒子零件使用過碳酸鈉。
（在1ℓ熱水中放入1小匙）

清潔架子及抽屜

每年1～2次拆下架子及抽屜水洗，噴上酒精水後徹底乾燥再放回去。

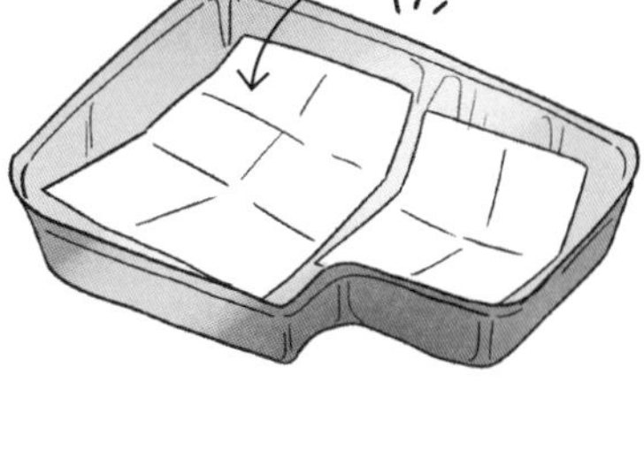
蔬菜盒的抽屜要鋪紙。
髒掉就換新的

洗碗機

大掃除 不要放餐具、直接開機，暫停使用來大掃除

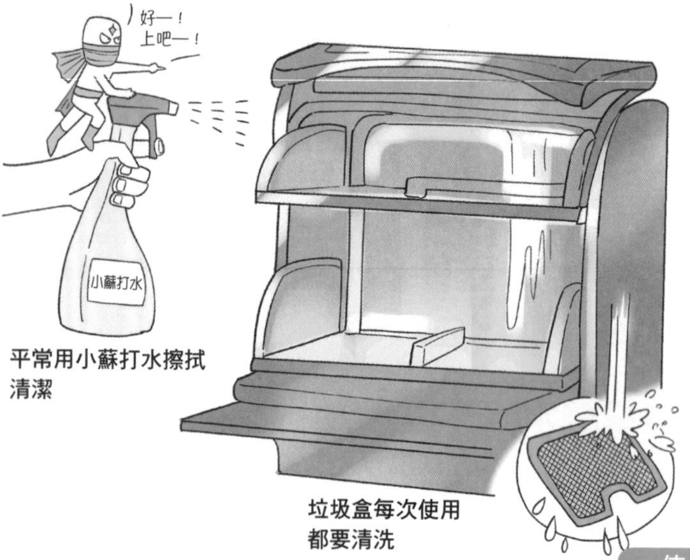

平常用小蘇打水擦拭清潔

垃圾盒每次使用都要清洗

對付油汙 使用過碳酸鈉

能拆下來的零件就拆下來用肥皂清洗。機器內以用過即丟的布料或者美耐皿海綿擦掉汙垢之後，不要放餐具，直接裝入1大匙過碳酸鈉，然後以平常清洗餐具的流程打開。

去除水垢就用 檸檬酸

不要放餐具，使用1大匙檸檬酸取代清潔劑開機。在「清洗」結束時先暫停機器。以刷子將軟化的水垢刷下來，再進入「沖洗」步驟。

使用物品

小蘇打水
洗碗機表面噴上小蘇打水後擦乾

檸檬酸
硬梆梆的汙垢是水垢，因此可使用檸檬酸

過碳酸鈉
使用過碳酸鈉來去除機器內的油汙

其他使用物品…
肥皂、用過即丟的布料、美耐皿海綿

NG

洗碗機不可以使用會起泡的清潔劑！

烤魚架

每天打掃

烤網上的頑固汙垢用小蘇打包覆

1. 底盤灑上小蘇打後浸泡在熱水中。
2. 烤網放上廚房紙巾，灑上小蘇打後用熱水打濕。
3. 5分鐘過後拿起廚房紙巾，擦拭沖洗。

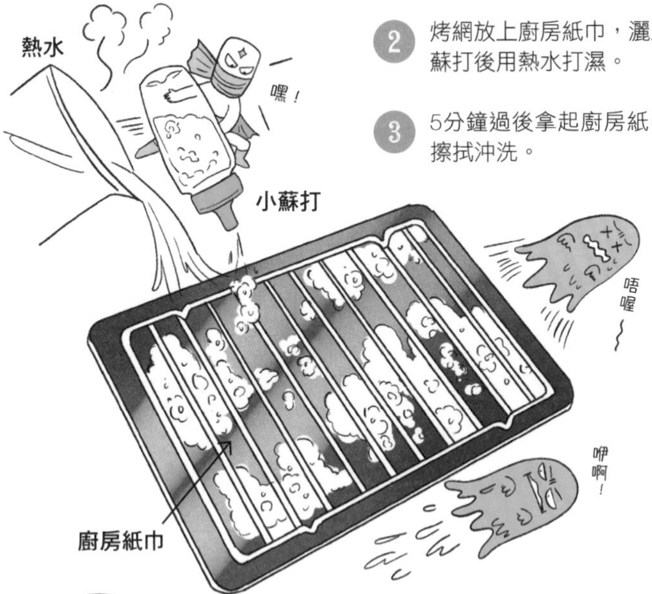

大掃除

要洗整個網架就放入流理台中

在流理台中放好熱水，添加過碳酸鈉後將烤網浸泡在裡面（→P109）

使用物品

小蘇打

每天累積的汙垢用小蘇打清潔溜溜

過碳酸鈉

要清洗整個網架、想清掉頑固的油汙時使用

其他使用物品…
廚房紙巾

微波爐、烤箱

使用物品

小蘇打水
爐內的髒汙主要是油汙，因此使用小蘇打水

抹布
請選擇加熱後可以耐高溫的天然材質款式

美耐皿海綿
有頑固、難以去除的油汙時使用

其他使用物品…
過碳酸

✸ 微波爐用過以後，就用小蘇打水擦一遍爐內。

✸ 使用烤箱功能前，先檢查內側髒汙。注意不要因為「加熱」而使四散的髒汙烤焦了！

大掃除

頑固的髒汙
用小蘇打蒸氣軟化後擦拭

1. 用大碗製作小蘇打水，把抹布浸泡在裡面。
2. 稍微摺起來放進微波爐當中，加熱1分鐘，靜置2～3分鐘。
3. 在爐內充滿蒸氣的時候，以上述抹布擦拭汙垢。
4. 頑固擦不掉的汙垢，用美耐皿海綿打磨。

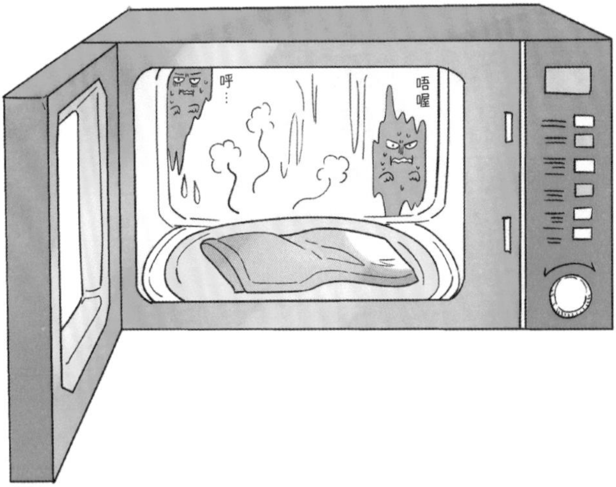

土司烤箱必須清除麵包屑

如果以微波爐加熱菜餚，湯汁就會噴散，有時油汙也會飛濺，乾燥之後就會頑固沾附在爐內，很難擦掉。若是還有烤箱功能，在超過200℃的情況下，髒汙會被烤焦在爐內。這些焦痕如果放著不管，又有新髒汙沾附上去的話可就糟了。若是有蒸烤功能的微波爐，那些汙垢就會在蒸東西的時候軟化，融化下來滴到食物上……哎呀太可怕了！

使用微波爐一定要養成馬上擦拭的習慣。

如果是單一功能的烤箱或者吐司烤箱，也請盡量經常擦掉烤焦的麵包屑。網子的部分拆下來用小蘇打包覆，如果想好好清洗就泡在過碳酸鈉當中。清潔的方式就和烤魚網是一樣的。

餐具

✹固體肥皂、粉末肥皂、液體肥皂，都可以拿來清洗。

✹肥皂的洗淨力很強，汙垢很容易清乾淨。

✹一不小心和酸性汙垢混在一起，肥皂就會變回油脂，要小心！

使用物品

肥皂
以界面活性劑的力量包裹汙垢後沖掉

網狀抹布
使用較薄、清洗餐具用的抹布，比較容易保持清潔

小蘇打水
先在溶解了小蘇打的熱水裡浸泡一下，會比較好清洗

其他使用物品…
廚房紙巾或用過即丟的布料
小蘇打水

以肥皂清洗餐具的訣竅

❶ 先用廚房紙巾或者布類等物品擦掉油汙，然後浸泡在已經溶解了小蘇打的熱水（→P50）當中。

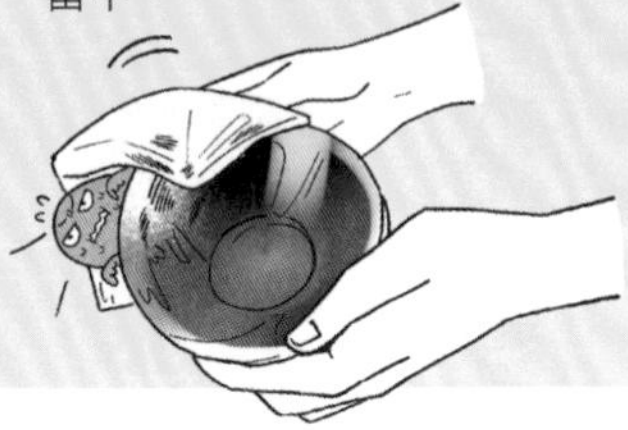

❷ 以網狀抹布沾取肥皂，仔細起泡。

如果沒有好好起泡，就不容易清除汙垢喔

❸ 使用沾滿泡泡的網狀抹布清洗餐具，一起放在不會碰到水的地方。

如果肥皂的成分比例變低，汙垢會回到餐具上唷

❹ 一件件沖洗餐具。使用40℃上下的溫水會非常有效。

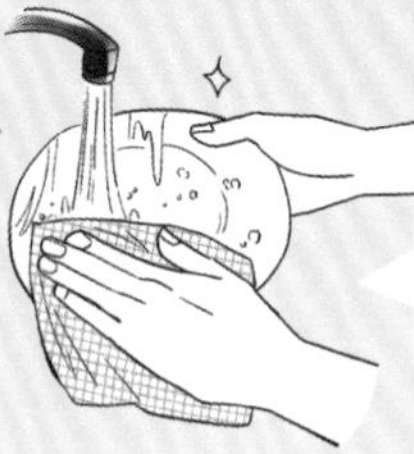
使用不含肥皂成分的抹布來擦洗，就很容易沖掉肥皂

只用小蘇打不行嗎？

食品的汙垢是酸性的，因此用小蘇打確實也可以清洗，不過這樣很難用網狀抹布沾取。不過，如果先泡在小蘇打水（溶解小蘇打的熱水）當中，汙垢就很容易清除，沖洗也較輕鬆。

應該用清洗餐具的肥皂嗎？

肥皂全部都是一樣的。洗衣用的肥皂容量比較大，所以也比較划算。不過當中有些會添加鹼性成分或者香料，不適合用來清洗餐具。

要另外分裝的話，
使用調味罐非常方便！

抹布、布巾

✸用來清洗以及擦拭餐具的布料，每次都要清洗風乾。

✸如果洗衣機很乾淨，也可以用洗衣機清洗。

✸每週一次水煮清洗，確實消毒。

使用物品

肥皂

想去除布料上的髒汙，要先用肥皂

過碳酸鈉

水煮清洗滲入的汙漬以及殺菌、漂白

抹布水煮清洗

1. 將水裝在大鍋當中，放入抹布。
2. 加入過碳酸鈉1小匙，加熱。
3. 沸騰前就關火，直接浸泡到水冷卻。

POINT

如果熱水溫度過高，過碳酸鈉會失去漂白做用。
請在沸騰前關火、停止加熱。

不使用纖毛抹布擦拭的理由

我在擦拭打掃廚房的時候，非常喜歡用纖毛抹布，但是不會把它們用來擦拭餐具和桌子。

擦拭餐具的時候，我會用麻質的抹布。這種布料愈用會愈軟，也不會將纖維殘留在玻璃上。擦桌子的時候則使用蚊帳布料的抹布。蚊帳布料是一種以棉或麻等材質織成的柔軟飄逸布料，吸水性很強，尤其是麻料在速乾性上也非常優秀。兩種我都準備了10條左右，每天用過以後，就會和那天要洗的衣服一起用肥皂洗乾淨。

另外，我會每週水煮一次保持清潔。由於是天然纖維，耐熱這點也非常棒。

這樣一想，就明白無法水煮清洗的纖毛抹布實在不適合用來擦拭會接觸食物的東西。布料也需要各司其職。

熱水壺

使用物品

檸檬酸、酒精水

堆積在熱水壺當中的水垢以檸檬酸讓它們浮起來

表面使用酒精水來擦拭，內側則放入1小匙檸檬酸之後，煮沸1ℓ的水，讓裡面的水垢軟化。冷卻之後將熱水倒掉，以網狀抹布將水垢擦掉。

水壺

使用物品

過碳酸鈉

內側不好清洗的水壺一次做完殺菌及漂白

瓶子專用的刷子非常難以保持清潔。請將1小匙過碳酸鈉放入50～60℃的熱水，用來泡零件，同時倒進水壺當中。等到熱水冷卻後就沖乾淨。

零件全部拆下來用大碗浸泡

托盤

使用物品

肥皂、
酒精水、過碳酸鈉

使用之後趁熱用紙或布料擦拭

先用紙張或布類擦掉汙垢，之後和餐具用一樣的方法清洗。底盤噴過酒精水以後用廚房紙巾擦拭。若盤面嚴重髒汙，就用過碳酸鈉「泡澡」清洗（→P109）。

和餐具相同的清洗方式

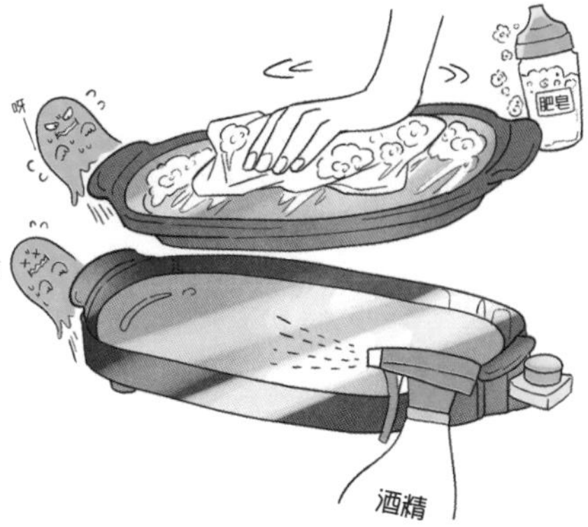

食物處理機

使用物品

過碳酸鈉

附著在細小零件上的汙垢要浸泡清潔

食物處理機有很多難以清洗的零件，還有些堆積起來又清不掉的汙垢。遇到這種情況，請將零件放入大碗中，加入過碳酸鈉1小匙與熱水1ℓ浸泡清洗。

過碳酸鈉1小匙

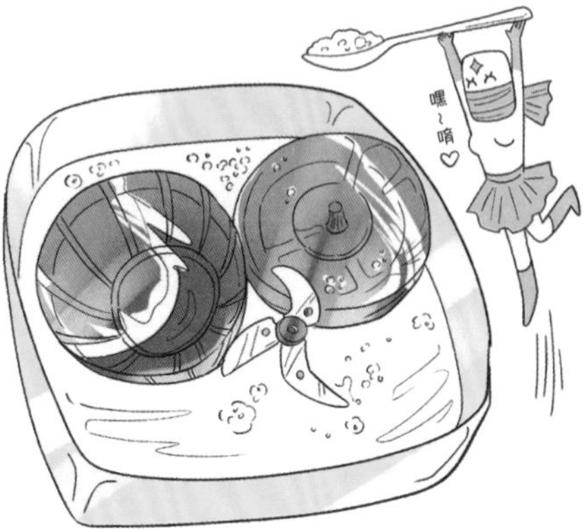

烹調工具的清洗方式

要讓保養東西變輕鬆，最好的方法就是不要買難以清洗的東西。請選擇耐熱、耐鹼、凹凸溝槽較少的物品。

廚房剪刀

只要放進洗碗機清洗，就能夠輕鬆殺菌。

容易保持清潔的選擇

刀刃接合處如果是可以拆開的，就連接合部分都能清理乾淨

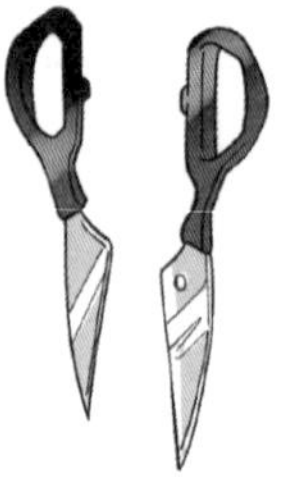

瀝水網

非常容易堆積汙垢，又是不容易乾燥的構造，因此要盡可能早點清洗。如果有汙垢附著，就泡在過碳酸鈉當中清洗。

容易保持清潔的選擇

請選擇不鏽鋼製、接合處少的款式

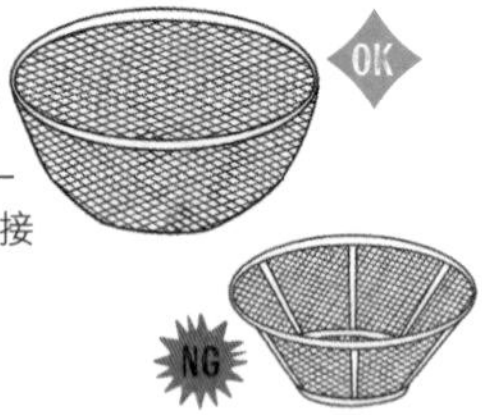

砧板

清洗之後淋熱水，然後在太陽下風乾。如果覺得有黑色汙垢痕跡，那就用溶解了過碳酸鈉的熱水打濕廚房紙巾，包覆在上面。

容易保持清潔的選擇

選擇可以用洗碗機清洗的尺寸與材質

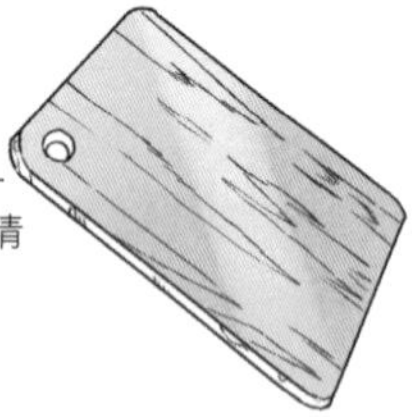

沙拉洗菜碗

較細的濾網處容易殘留髒汙，因此使用過後就要浸泡在過碳酸鈉當中。用水沖乾淨以後，要確實乾燥才能收起來。

容易保持清潔的選擇

選擇可以分解清洗的款式，最好是能夠放入洗碗機的

菜刀

使用之後馬上以肥皂清洗，沖洗後乾燥。若刀柄是木頭製的，潮濕之後細菌就很容易繁殖。

容易保持清潔的選擇

選擇整體為不鏽鋼且凹凸較少的款式

竹籠、蒸籠

木製的烹調工具如果長時間浸泡在水裡，很容易變形。使用完畢之後要馬上清洗擦拭，風乾到完全乾燥。保存在空氣流通之處。

容易保持清潔的選擇

如果無法做到上述保養，就不要使用

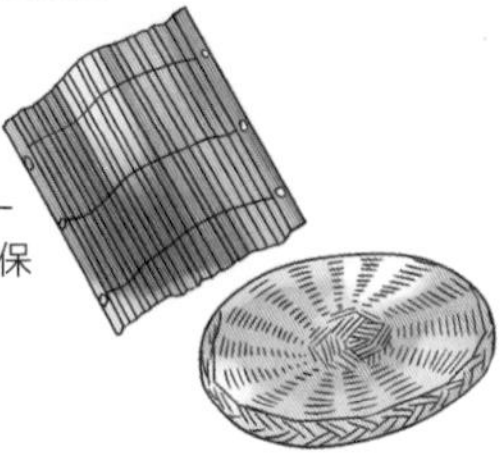

中華炒鍋

將油汙擦乾淨，以肥皂清洗。如果水氣沒擦乾會造成鍋子生鏽，因此要加熱使其完全乾燥。

容易保持清潔的選擇

選擇把手也是鐵製、沒有接縫的產品

塑膠容器

油汙很難清掉，因此要先浸泡在溶解了小蘇打或過碳酸鈉的熱水當中，之後再用肥皂清洗。

容易保持清潔的選擇

選擇可以放入洗碗機的耐高溫產品。比較推薦使用耐熱玻璃產品

氟素加工樹脂平底鍋

如果髒汙情況嚴重，那就先泡在溶解了小蘇打的熱水當中，等到汙垢脫落以後再用肥皂清洗。不可以水煮清洗。

容易保持清潔的選擇

選擇平底鍋的把手及蓋子接合處少的款式

垃圾桶

蓋子的部分很容易髒，要用酒精水擦拭。每次要倒垃圾、把垃圾拿出來之後就用酒精水噴一下。

容易保持清潔的選擇

塑膠產品非常容易吸臭味。建議使用不鏽鋼產品

鍋子

有焦痕的鍋子，裝水後放入1大匙小蘇打開火，沸騰前關火。冷卻以後將水倒掉，用小蘇打粉當研磨劑來研磨清洗。

容易保持清潔的選擇

琺瑯鍋和不鏽鋼鍋都可以這樣處理，但是鋁鍋會變色。如果非常在意的話就不要購買鋁鍋

PART 5

浴室&洗臉台
再也不長黴菌

雖然眼睛看不見，
但是空氣當中飄盪著許多黴菌胞子以及細菌。
它們大多是從浴室來的。
據說浴室當中沒有長黴的家庭，
空氣中的黴菌也非常少。
說不定我們洗澡的時候
都是在淋黴菌浴呢。
養育黴菌再轟走它們……別再重複這種行為，
一起來打造一個不容易長黴的浴室吧？

黴菌、細菌、水垢、油漬加灰塵汙垢種類繁多又頑固

看清汙垢的性質，選對清潔劑打造「安心乾淨」環境

浴室當中最多的就是角質（垢），也就是從身體排出的汙垢。在地板以及浴缸當中都沾附非常多這類汙垢。但是這可以輕鬆沖掉。接下來次多的是水垢。一般的浴室用清潔劑大多為鹼性，沒有辦法清理掉水垢、肥皂屑、黴菌及細菌。沒有沖乾淨的洗髮精、沐浴乳是黴菌與細菌最愛的食物。這兒有著暖呼呼的蒸氣，因此溫度和濕度也都令它們感到非常舒適。對它們來說，這真是再好不過的環境。再加上一些衣服和毛巾的纖維，汙垢可就是極致狀態啦。「必須徹底大掃除才行！」你如此想著，並拿起超強鹼性清潔劑……但是等等！大家畢竟要裸著身子進浴室，還是用接觸到肌膚也非常放心的清潔劑吧。也就是小蘇打。小蘇打是泡澡劑的原料，而且沒沖乾淨也不會成為黴菌的食物。水垢就用檸檬酸。它也是食品，所以非常安全。

浴室的汙垢有哪些？

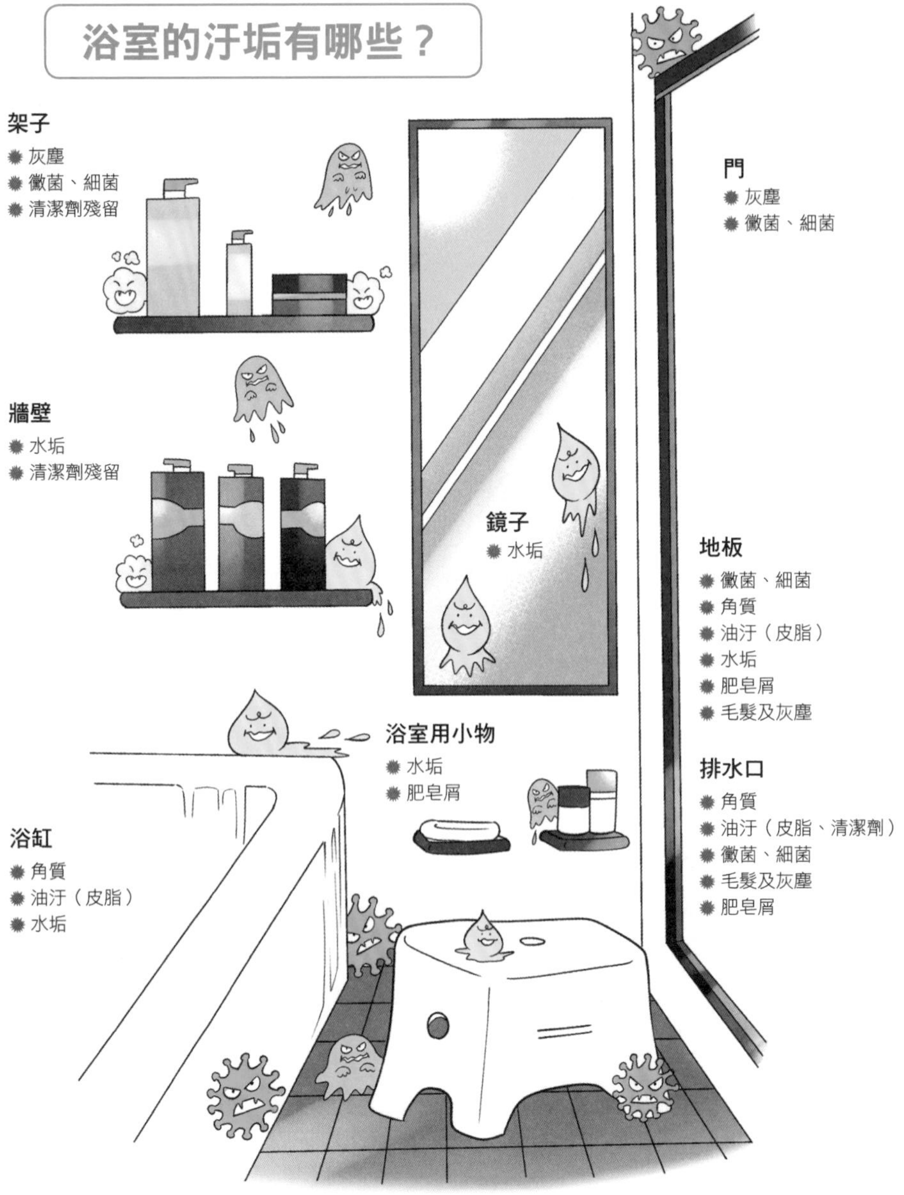
架子
灰塵
黴菌、細菌
清潔劑殘留
門
灰塵
黴菌、細菌
牆壁
水垢
清潔劑殘留
鏡子
水垢
地板
黴菌、細菌
角質
油汙（皮脂）
水垢
肥皂屑
毛髮及灰塵
浴室用小物
水垢
肥皂屑
排水口
角質
油汙（皮脂、清潔劑）
黴菌、細菌
毛髮及灰塵
肥皂屑
浴缸
角質
油汙（皮脂）
水垢

浴室是防範黴菌孳生的最前線
從一開始就阻止事情發生吧

洗澡工具掛起來。
也不要再用洗澡球了

我已經說了很多次，打掃工作最重要的就是預防，而浴室正是預防工作最有效果之處，意義重大。我並不是在自豪（其實也有點算是啦），自從我開始預防黴菌以後，5年來浴室從來沒長過黴菌，也不需要大掃除。

話雖如此，我並沒有做什麼了不得的事情。我只是依照左頁圖片所提出的項目，打造一個黴菌非常待不住的浴室罷了。第一條件就是不要在地板上放東西。浴室用的小東西就掛著、洗髮精和肥皂都放在更衣處，要用的時候帶進浴室，出來的時候就用擦過身體的毛巾把瓶子上的水氣擦乾，放回原來收納的地方。而最後洗澡的人要負責打掃（這在P138還會說明），但沒什麼困難，只要3分鐘就能做好。

何謂黴菌討厭的浴室？

打掃工具選擇能夠快乾的款式

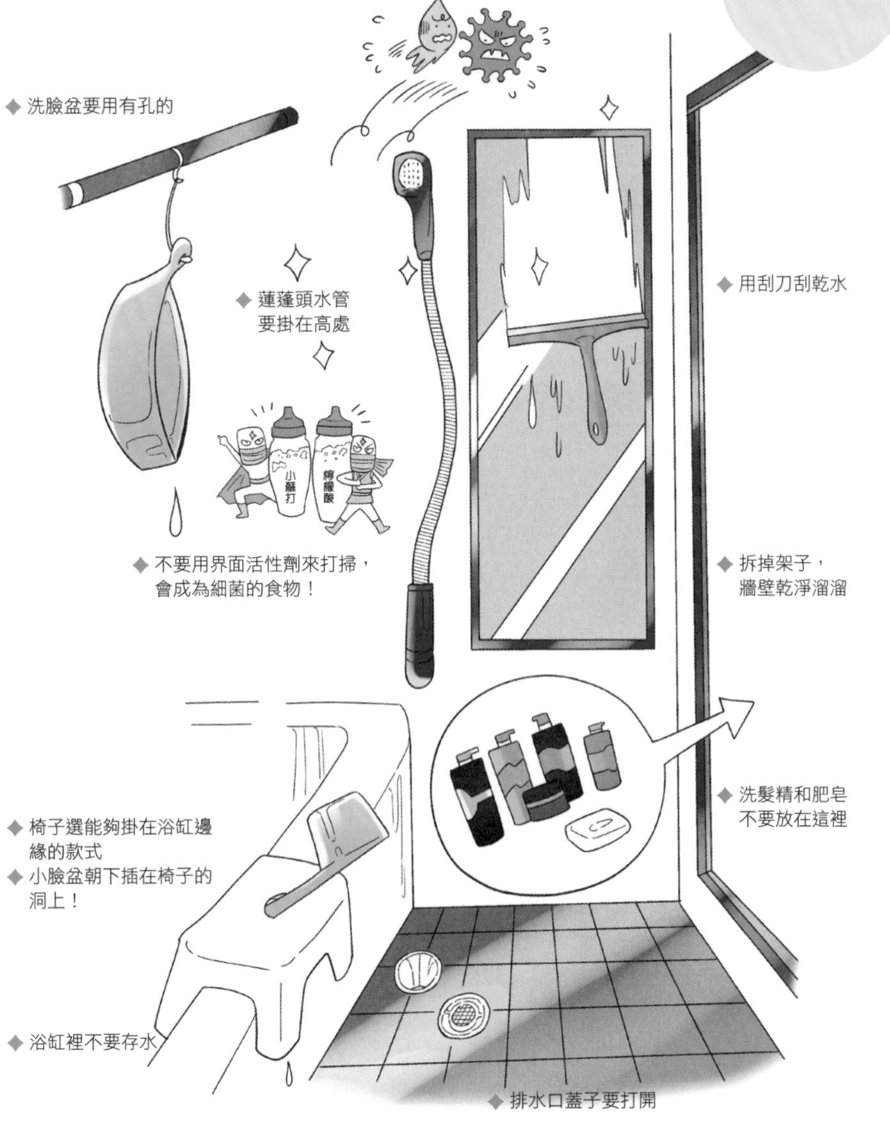
◆ 洗臉盆要用有孔的
◆ 蓮蓬頭水管要掛在高處
小蘇打
檸檬酸
◆ 不要用界面活性劑來打掃，會成為細菌的食物！
◆ 用刮刀刮乾水
◆ 拆掉架子，牆壁乾淨溜溜
◆ 洗髮精和肥皂不要放在這裡
◆ 椅子選能夠掛在浴缸邊緣的款式
◆ 小臉盆朝下插在椅子的洞上！
◆ 浴缸裡不要存水
◆ 排水口蓋子要打開

輕鬆亮晶晶

規則 1

最後洗澡的人花3分鐘打掃

理由是？

◆ 剛放掉熱水的浴缸不需要清潔劑就亮晶晶。

◆ 只要清乾水分，就能預防黴菌、細菌以及水垢。

◆ 正因為每天都做，所以只要3分鐘。也不需要大掃除。

本橋家的慣例工作

1 以網狀抹布快速將浴缸內擦過一遍

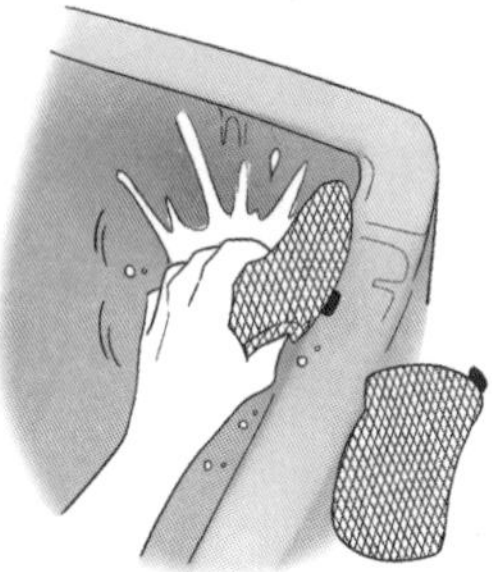

剩下的熱水是細菌孳生來源，一定要放掉。不要用海綿擦，請使用網狀抹布。

2 用蓮蓬頭將整個浴室快速沖一下

牆壁及地板若殘留了洗髮精及肥皂，很容易造成發黴。放掉浴缸水的同時順便沖一下浴室內。

3 用刮刀刮掉牆壁、地板、窗戶和鏡子上的水。

刮掉水分就能夠預防黴菌及細菌繁殖，預防水垢的效果也非常好。

4 將椅子掛在浴缸邊緣、打開排水口的蓋子便結束

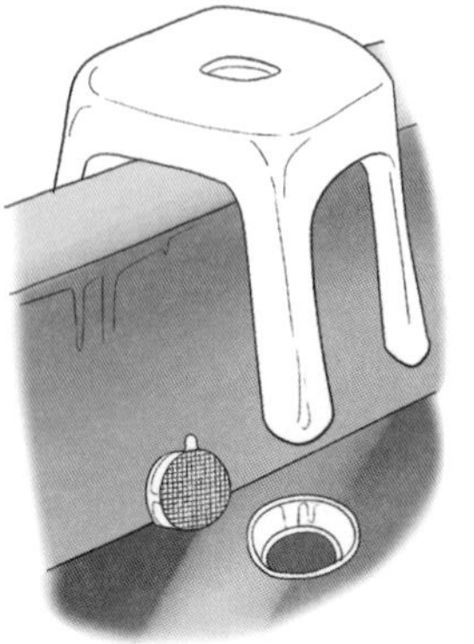

如果無法將椅子掛在浴缸上，那就先放到浴缸裡。排水口上的毛髮要請大家自己動手清理，只要能盡快乾燥，就不會變得黏答答、滑溜溜的。

輕鬆亮晶晶

規則 2

每天打掃使用的清潔劑只有小蘇打每週一次檸檬酸

理由是？

◆ 小蘇打能夠洗去皮脂或角質等由身體排出的汙垢。

◆ 檸檬酸可以清除水垢以及肥皂屑。

◆ 兩者都具食品用途，接觸肌膚也非常安全。

不可以把小蘇打和檸檬酸混在一起

水垢
肥皂屑

用檸檬酸

去除

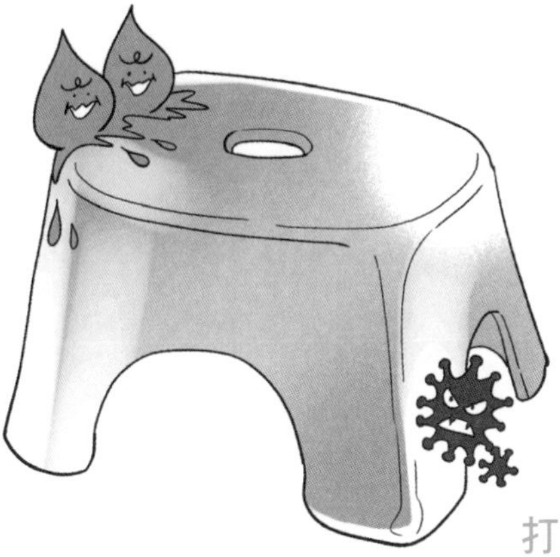

滑溜溜汙垢

用小蘇打

去除

打掃步驟

1 以小蘇打研磨

混在一起會？

↓

→變成像水一樣的中性液體
＝沒有效果

浴室有2種汙垢 打掃時要分開處理

浴室當中的汙垢以身體排出的酸性汙垢為多。打掃的時候鹼性的小蘇打非常能夠派上用場。肥皂也是鹼性的，但是會起泡的清潔劑若是沒有沖乾淨，就會成為細菌的食物，因此不能用來打掃浴室。

水垢和肥皂屑這類鹼性汙垢也非常礙眼。鏡子上彷彿鱗片一般的霧濛濛髒汙是水垢；洗澡用的小椅子外側那些粗糙感則是肥皂屑。這不管是用小蘇打等鹼性清潔劑，或者是能起泡的界面清潔劑都無法去除。過了一段時間以後會變得非常頑固、難以清除，因此要早點使用檸檬酸來清潔。話雖如此，大約一星期做一次也就夠了。

另外，酸性與鹼性的清潔劑請分開使用（先使用鹼性的）。混在一起的話清潔劑會變成中性，失去效果。

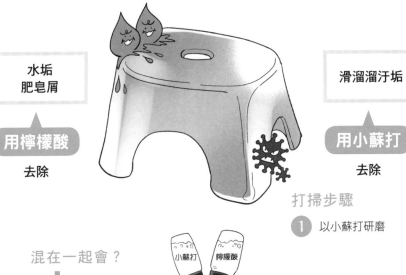

浴缸

如果剛放掉熱水，只要用網狀抹布擦一下就OK。

小蘇打是泡澡劑的原料，就算沒沖乾淨也不必擔心。

別忘了要洗浴缸外側。

使用物品

小蘇打

與其使用小蘇打水，不如直接拿來當研磨劑

網狀抹布

薄一點的抹布比較容易乾

檸檬酸水

如果浴缸外側有水垢或者肥皂屑，就用檸檬酸包覆

每天打掃

用抹布沾取小蘇打粉去除角質及皮脂

1. 用水打濕網狀抹布之後，灑上小蘇打粉末。
2. 以小蘇打代替研磨劑，擦掉角質與皮脂。
3. 用比較細的刷子刷浴缸外側的溝槽。

丟掉「打掃浴缸用泡泡」的印象

把小蘇打灑在網狀抹布上，擦拭浴缸……每次我這麼說，就有人擔心「這樣子不知道究竟有沒有清乾淨」。確實「用泡泡來擦洗、沖掉泡泡」這種打掃方式還滿簡單明白的，但很多時候就算泡泡已經消失，清潔劑的成分仍然殘留。

浴缸當中的汙垢，主要是身體排出的角質以及皮脂。這些汙垢只要用網狀抹布擦拭，就能夠擦掉。不需要用到若是沒沖乾淨就會造成發黴的界面活性劑。

打掃的時候非常容易遺忘的，就是浴缸的外側。這裡很容易噴到洗髮精，也是非常容易產生水垢的地方，要使用沾取小蘇打粉末的抹布來擦拭，最後別忘了要刮乾水分。如果有頑固的水垢，以檸檬酸水包覆便能有效去除。

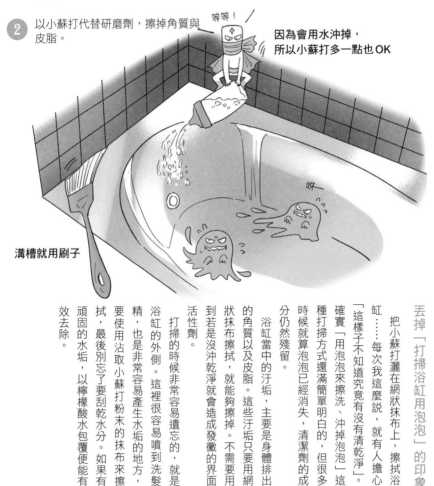

大掃除

地板的黑色痕跡是黴菌、細菌！用小蘇打來清掃

地板

1 將小蘇打粉灑在浴室地面上。

2 以浴室用刷打掃。牆壁與地板交接處、溝槽部分是打掃重點。

洗澡時打掃地板的優點

◆ 打掃的時候不用在意弄濕衣服。

◆ 清潔劑是小蘇打，就算沾到身體也沒關係。

◆ 洗澡時可以順便打掃一些小地方。

使用物品

小蘇打

用調味罐將小蘇打灑在地面上

浴室用刷具

把手短、小而輕、尖頭的刷子比較好用

大掃除

黏膩汙垢
用物理方式去除

排水口

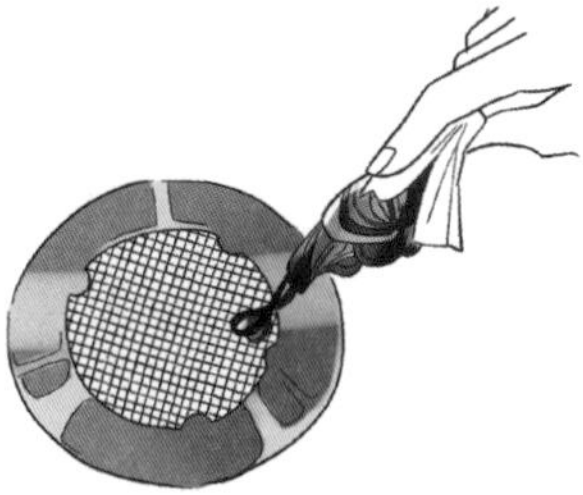

1 先拿掉排水口網子上沾附的垃圾和毛髮。灑上小蘇打粉。

2 滑溜物質及黑色黴菌等，用網狀抹布擦拭後沖洗。

3 網子等零件如果有發黃或者黑色痕跡等情況，就浸泡在過碳酸鈉中清洗。

4 打掃結束之後讓蓋子呈現開啟的狀態，待其完全乾燥。

使用物品

小蘇打
黏答答、滑溜溜的地方用小蘇打粉擦拭清洗

網狀抹布
刷子會纏住毛髮，不適合

過碳酸鈉
零件用浸泡清洗，徹底殺菌

鏡子、水龍頭、蓮蓬頭

使用物品

檸檬酸
使用檸檬酸包覆可有效去除水垢和肥皂屑

美耐皿海綿
用抹布也擦不掉的話，就用美耐皿海綿

水垢專用研磨產品
用來磨掉頑固水垢的產品。使用具耐水性、較為細緻的產品

其他使用物品…
廚房紙巾、網狀抹布、鏟子、刷子、過碳酸鈉

- 鏡子或水龍頭上的白色汙垢是水垢，使用中性或鹼性清潔劑沒有效果。
- 每週１次打掃就噴上檸檬酸水。每個月１次用檸檬酸包覆。
- 頑固的汙垢只能用水垢專用研磨產品來打磨。

大掃除　鏡子及水龍頭用檸檬酸包覆

1. 在鏡子上噴檸檬酸水，將廚房紙巾貼上，再次噴水，靜置10分鐘。
2. 拿下廚房紙巾，以網狀抹布擦拭。
3. 仍然擦不掉的話，就用美耐皿海綿磨擦。
4. 如果還是不行，就用包上砂紙的鏟子來刮。

將砂紙包住打掃用的鏟子，
就比較好刮東西

注意點

有做防起霧等特殊處理的鏡子，請盡可能不要使用美耐皿海綿或者砂紙。

蓮蓬頭放在洗臉盆中

1. 在洗臉盆中製作檸檬酸水，把蓮蓬頭泡進去。
2. 用刷子刷下水垢。

水管的部分包覆過碳酸鈉

蓮蓬頭水管的黑色痕跡是黴菌及細菌汙垢。將過碳酸鈉溶解於熱水當中，打濕廚房紙巾後包覆在水管上，便能夠殺菌。

黑黴對策

與其等到黑色黴菌長出來，不如做好預防！

已經形成的黑色黴菌，就早點用過碳酸鈉包覆清潔。

如果一定要用氯系漂白劑，請選用膠狀產品。

使用物品

小蘇打

如果還是滑溜溜、沒有變黑，就用小蘇打研磨去除

酒精水

具有非常高的殺菌力量。擦乾以後噴一下

過碳酸鈉

溶解在熱水中，之後用廚房紙巾包覆，將黑色痕跡漂白

其他使用物品…
刷子、廚房紙巾

大掃除

以酒精殺菌、用過碳酸鈉包覆漂白

1. 在長了黑色黴菌之處灑上小蘇打粉，用刷子刷。
2. 用水將❶沖掉。
3. 將過碳酸鈉1小匙及40℃溫水1杯（200mℓ）裝在洗臉盆當中，打濕廚房紙巾後，包覆在❷的部分漂白（因為要漂白所以濃度比較高）。

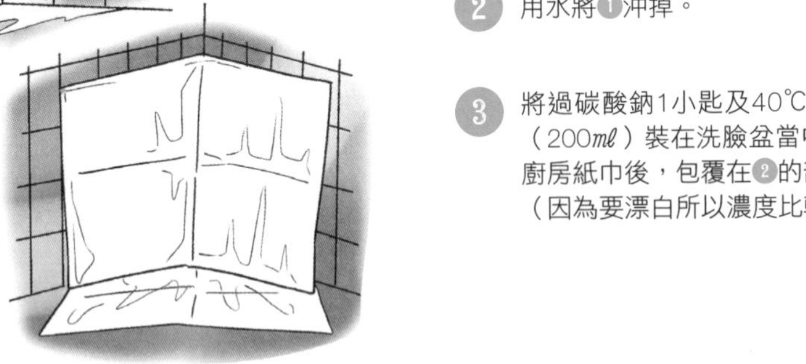

不要用上氯系漂白劑就解決是最好的

磁磚的接縫或者矽利康上面經常會頑固附著黑色黴菌。如果是剛沾附上的，還能夠沖洗掉，但若菌絲已經生根，就很難完全去除。酒精的殺菌力雖然很強，但是無法去除黑色黴菌沉澱的色素。用過碳酸鈉包覆之後，可以去除掉黑色痕跡，但沒辦法做到像氯系漂白劑那樣「紙一樣的白」。這是天然清潔的極限。

話雖如此，還是不建議使用氯系漂白劑。使用了以後空氣中會有氯氣，氯氣會透過呼吸進入人體。如果一定要用的話，選擇膠狀產品效果也很好。但在這之前，每天好好預防，才是我們該做的事情。

浴缸、洗澡用具

讓過碳酸鈉的熱水循環，
浴缸清潔溜溜。

還能順便清洗洗澡用具，
一石二鳥。

使用物品

過碳酸鈉

大掃除時要將浴缸殺菌，用過碳酸鈉效果最佳

其他使用物品…
檸檬酸

大掃除 讓洗澡用具泡過碳酸鈉澡一起殺菌

1 將水裝滿到循環孔上方，放入洗澡用具。

2 加入2杯過碳酸鈉。

3 按下再次加熱按鈕，提升熱水溫度之後，靜置2～3小時。

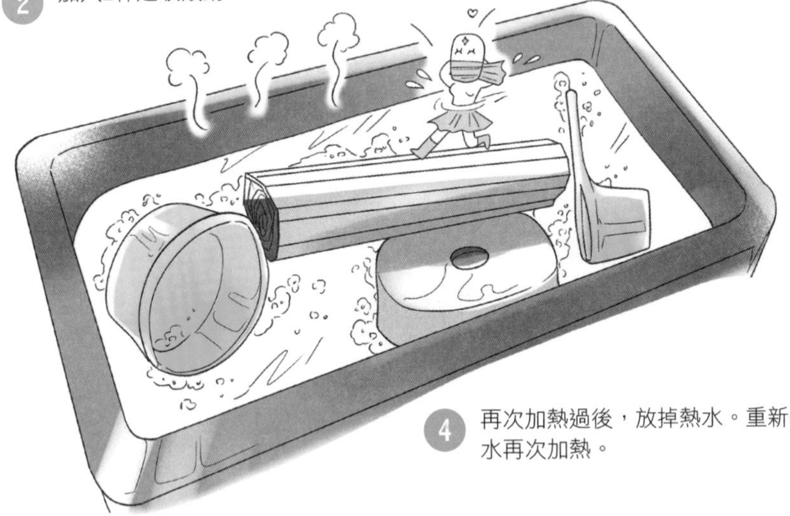

4 再次加熱過後，放掉熱水。重新裝水再次加熱。

浴缸的細菌再次加熱便會增加

希望大家都能夠定期打掃浴缸。雖然看不見，但是浴缸內側確實會因為細菌而產生髒汙。

剩下來的熱水低於30℃時，細菌就會開始繁殖。如果熱水裡有細菌，當然也會滲透到浴缸裡，因此需要定期殺菌。如果是能夠再次加熱的浴缸，那就可以輕鬆打掃了。因為重新加熱就能夠讓溶解了過碳酸鈉的熱水在浴缸內循環。放掉之後再次裝水加熱，則是為了沖洗。

既然都在浴缸裡裝滿過碳酸鈉了，當然不能浪費這些熱水，把洗澡用具放進去一起殺菌吧。這些東西也會有水垢，因此最後再用檸檬酸包覆清潔。

門

打掃浴室的時候總是關著門，因此很難發現門上的髒汙。

浴室門的結構非常複雜，用小型的刷子比較適合。

要防止門板發黴，就要擦乾水氣，最後噴上酒精水。

使用物品

檸檬酸
靠浴室那一面會沾附水垢以及肥皂屑，使用檸檬酸可有效去除

刷子
靠更衣處那一面的灰塵特別多。用刷子刷下來

酒精水
為了預防黴菌孳生，要使用酒精殺菌

其他使用物品…
網狀抹布

大掃除 除了門板以外，凹縫等溝槽也必須好好擦拭

1. 面浴室這邊的門板噴上檸檬酸水後擦拭（如果是頑固的汙垢，就用檸檬酸包覆）。
2. 門板的溝槽在包覆過後用刷子刷洗。
3. 擦乾以後噴上酒精水，再用抹布擦乾。

面更衣處的門
使用手持撢子擦去灰塵，
噴上酒精水後擦乾

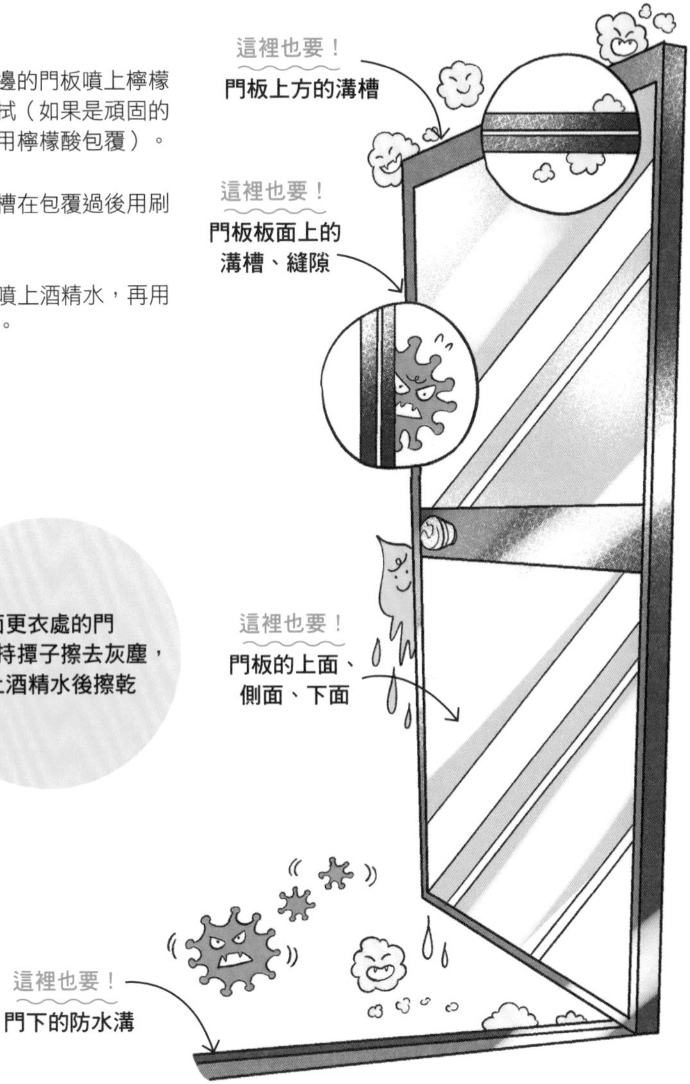

換氣口

浴室及廁所的換氣口，最重要的就是處理灰塵。

每年水洗清潔一次，在太陽下晾乾，室內的空氣對流就會變好！

使用物品

手持撣子
穿脫衣服處的換氣口有很多灰塵

吸塵器
如果灰塵太多，就用吸塵器來吸

酒精水
此處很容易發黴，因此要用酒精水殺菌

其他使用物品…
肥皂、纖毛抹布

大掃除

拆下換氣口，水洗清潔

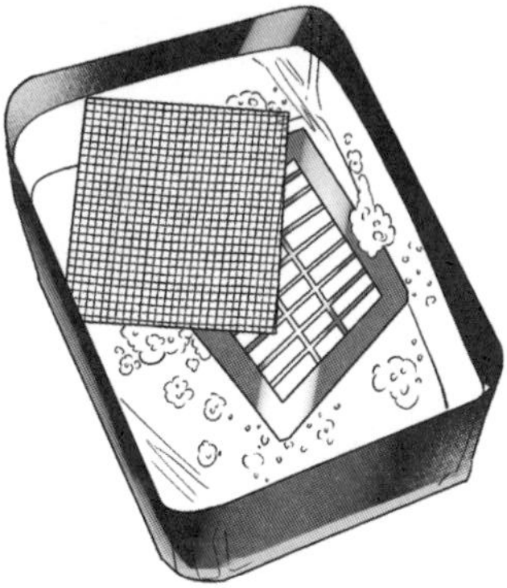

如果是可以拆卸式的換氣口，就把零件拆下來水洗。如果灰塵已經和油汙混合，那就用肥皂清洗。噴上酒精後，在太陽下晾乾殺菌。

每天掃除

以撢子去除換氣口的灰塵

每天巡視灰塵的時候，順便擦一下浴室、廁所以及更衣處等地方的換氣口灰塵。

家中的氣流能從換氣口改善

浴室、更衣處、廁所等會穿脫衣服處的換氣口，很容易沾附灰塵。如果只有灰塵的話，每天巡視灰塵的時候用撢子掃一下，就能夠常保清潔。

浴室的換氣口很容易因為灰塵和濕氣結合，而變得容易發黴。每個月打開一次濾網，用纖毛抹布擦一下保持清潔吧。

之後每年一次將家裡所有換氣口都拆下來水洗清潔。洗好以後放在外面好好晾乾，防止細菌繁殖。噴上酒精水後，待其完全乾燥。

如果經常打掃，灰塵就會減少、換氣口也不容易髒。就連運作的聲音都會變小，非常不可思議。

洗臉台

每天掃除

以小蘇打粉研磨 擦乾水氣

打掃洗臉台，基本上就和打掃廚房流理台是一樣的（→P110）。
不過這裡和沾附許多頑固油汙的廚房不同，
是水垢比較多。

1. 灑上小蘇打粉，以浴室用的網狀抹布擦拭清洗。

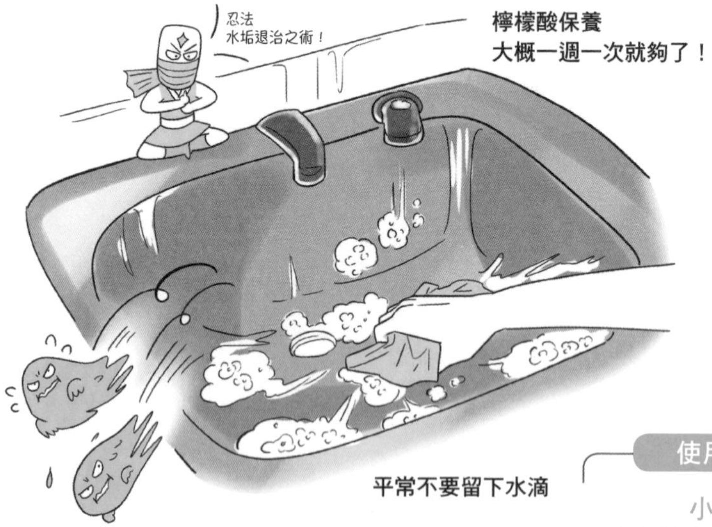
忍法
水垢退治之術！
檸檬酸保養
大概一週一次就夠了！
平常不要留下水滴

大掃除

2. 將檸檬酸水噴在水龍頭和洗臉台當中。
3. 使用纖毛抹布擦掉水分，最後再乾擦，一定要保持乾燥。

使用物品

小蘇打
用小蘇打粉去除角質或皮脂

檸檬酸水
噴灑檸檬酸，清除水龍頭或洗臉盆中的水垢及肥皂屑

纖毛抹布
為了不要留下水滴，最後要擦乾

其他使用物品…
網狀抹布

洗臉台的鏡子

使用物品

酒精水、纖毛抹布

水垢較少 以清潔劑及皮脂汙垢為主

這裡和浴室的鏡子不同，其實不太會沾附水垢。大多是牙膏、洗面乳的泡泡等飛濺到鏡子上造成的汙垢，因此可以用酒精擦拭。最後用纖毛抹布將水滴擦乾。

洗臉台置物處

使用物品

手持撢子、酒精水

灰塵及毛髮容易溜進去 可能成為細菌溫床

洗臉台下方是灰塵及毛髮非常容易跑進去的場所。用撢子快速清一下，然後以酒精殺菌。如果噴到了清潔劑等物品，就擦掉以後噴上酒精。

洗臉台排水管

每天掃除

塞住的毛髮用排水管專用的刷子抓出來

「融化堵塞毛髮」的清潔劑太強了，好可怕

洗臉台的排水管比廚房還要容易堵塞，因為洗臉台會有毛髮。就算不使用小蘇打與檸檬酸的發泡作戰（→P114），也可以使用插圖這種很方便的刷子。有些清潔劑會打著「融化毛髮」這種行銷文字，但想到萬一沾到自己的肌膚……實在令人害怕。

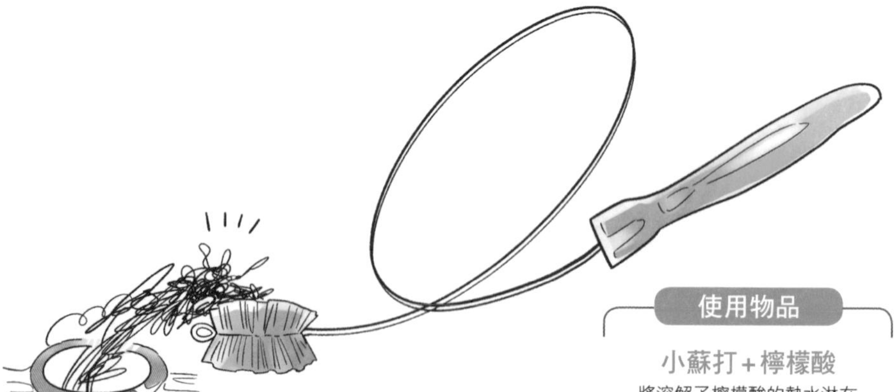

使用物品

小蘇打＋檸檬酸

將溶解了檸檬酸的熱水淋在小蘇打粉上使其發泡，沖掉堵塞物

排水口刷

用來取出堵塞排水口的毛髮

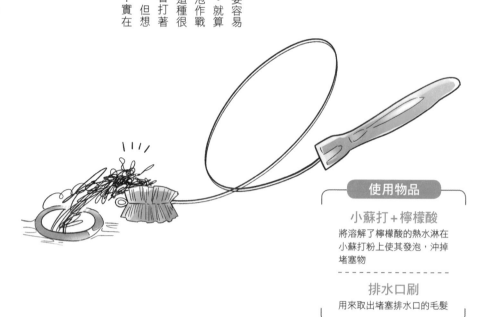

梳子、刷子

使用物品

過碳酸鈉

以熱水和鹼洗去皮脂汙垢

用來打理頭髮的梳子，覺得髒了就洗一洗吧。如果可以水洗，就將過碳酸鈉1小匙放進1ℓ熱水當中，然後把梳子和刷子泡進去。除了能夠去除皮脂，也能殺菌。

放了一會兒之後，
就用刷子刷洗

化妝刷、海綿

使用物品

肥皂、檸檬酸水

化妝工具每週一次用肥皂清洗

畢竟是要接觸肌膚的工具，至少一星期要洗一次。沾取塊狀肥皂之後起泡清洗，然後沖乾淨。就算不好起泡，只要多洗幾次就會乾淨了。徹底沖洗以後用1％的檸檬酸水潤一下再風乾。

包上廚房紙巾再風乾，
刷毛就不會散開來

洗衣槽

洗衣槽的內側有大量的黴菌和肥皂屑！

為了要好好清除黴菌，必須使用過碳酸鈉和熱水。

最後放檸檬酸進去，去除肥皂屑。

使用物品

過碳酸鈉
可以殺菌、漂白的過碳酸鈉最適合用在此處

熱水
打掃洗衣機時，必須使用50～60℃的熱水

檸檬酸
用來去除洗衣槽當中的水垢、肥皂屑

其他使用物品…
網子、刷子、水桶

大掃除　如果有黴菌浮出來，那就要好好沖洗

※此處使用的是直立型洗衣機

熱水為60℃。如果洗衣機只有冷水功能，那就用水桶從浴室裝過來

1. 將洗衣機放滿熱水，加入2杯過碳酸鈉。
2. 洗衣機運轉1～2分鐘之後汙垢就會浮上來，立刻用網子撈起來。重覆此步驟直到不再看到浮出的汙垢。
3. 靜置5小時左右，將檸檬酸放進柔軟劑盒當中，開啟洗衣程序。
4. 如果洗衣槽中仍有黴菌，就重覆以上❶～❸的步驟。

不能用骯髒的洗衣機來洗衣服

使用完洗衣機以後，最好要馬上打掃濾網。丟掉沾附的垃圾、用刷子刷洗後，和洗好的衣服一起風乾。洗衣機本身也會沾附灰塵和清潔劑，別忘了擦一擦。把洗衣機的蓋子打開，讓內部能好好乾燥。

接著是希望大家都能定期用過碳酸鈉清潔。由於要使用過碳酸鈉，因此搭配熱水也是非常重要的。冷水不容易去除汙垢，如果洗衣機本身沒有辦法放熱水，那就用水桶裝熱水倒進洗衣槽內即可。

有時清潔後會浮出大量黑色黴菌，不過如果能及早清潔，大概就只會浮出一些白白又輕飄飄的、像是油汙一樣的東西而已。希望大家能在這種時候就進行清潔。

PART 6

從廁所與玄關招來福氣

從前有句話說：

「每天打掃廁所，就能成為一個好媳婦。」

從前的人還這麼說：

「玄關乾淨就能招來好運氣。」

我不知道這是真是假，

但這兩處經常有人走動，很容易弄髒，

如果隔一段時間才打掃，會非常辛苦。

可見無論在哪個時代，這兩個地方的清潔都很受重視。

不管有多忙，一定要每天打掃，

是不是該訂下這個規範了？

廁所的臭味來自濺尿各位男性，請坐下

分清楚廁所的汙垢便能保持清潔！

昭和中期就有人說：「打掃廁所用酸很有效。」因為當時的廁所都是蹲式的，非常容易濺尿，只要一沒好好打掃那些濺尿，馬上就會有氨氣臭味。能夠中和氨氣臭味、去除氣味的就是酸性清潔劑。將酸性清潔劑稀釋在水桶當中，用抹布用力擦洗牆壁和蹲式馬桶，就是「打掃廁所」的基本工作。

隨著時代演進，現在的馬桶多半是坐式的，因此尿液飛濺情況已減少很多。打掃廁所的時候也不需要用到那麼多酸性清潔劑，清掃也換成用刷子刷了。這是由於已經沒有氨臭，而是有其他人類身體排出的酸性汙垢掉落。

但是，若不管怎麼打掃，廁所還是有一股臭味的話，那可能就是某處有濺尿沒清乾淨。家裡有沒有站著上廁所的男性？氨臭不用酸性清潔劑是無法去除的。分清楚汙垢的種類，正是打掃廁所最需要的能力。

廁所的汙垢有哪些？

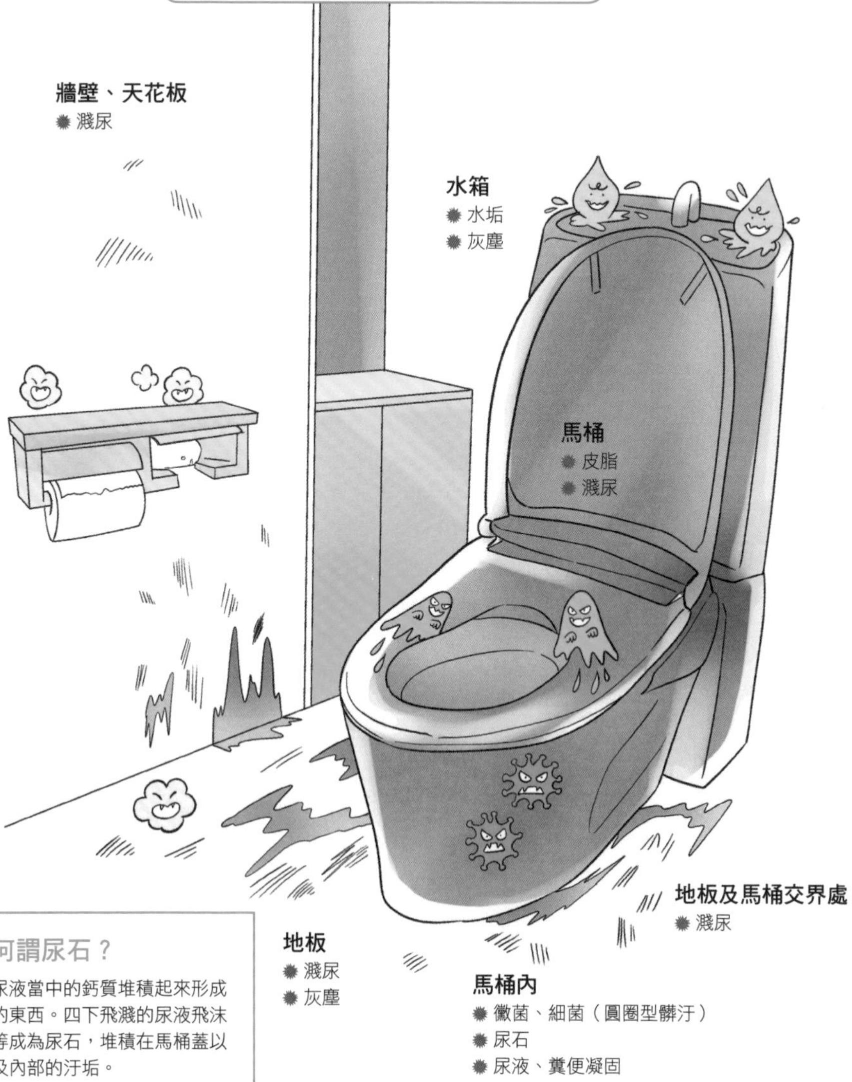

何謂尿石？

尿液當中的鈣質堆積起來形成的東西。四下飛濺的尿液飛沫等成為尿石，堆積在馬桶蓋以及內部的汙垢。

打掃廁所不需要用刷子 用天然清潔劑便能解決！

用過即丟的布料都存放起來打掃廁所

廁所用的專用清潔劑、廁所刷子、除臭劑。

這三樣東西，被稱為現代打掃廁所的「三大神器」也不為過吧。但是我一種也沒用……每次這麼說，大家就會驚訝地問我：「沒有廁所刷子要怎麼打掃？」

真的有需要用到廁所用刷子嗎？握柄很長的大刷子無法刷到馬桶所有角落，也很占空間。而且更重要的是，要保持那支刷子本身的清潔，實在是太困難了。如果每次使用後都得要進行保養，那還不如別拿。

用來打掃馬桶的工具，只要有用過即丟的布、美耐皿海綿就夠了。馬桶內的水池處，就用過碳酸鈉包覆。第二天早上不需要刷就能潔白亮麗。不需要使用馬桶刷的廁所，可是輕鬆愉快呢。

廁所的不同汙垢　能用這些清潔劑！

殺菌及皮脂汙垢

酒精

- 廁所地板及天花板等所有汙垢
- 馬桶及馬桶蓋等處的皮脂
- 尿液飛濺處的殺菌

尿石及氨臭

檸檬酸

- 飛濺之後已經過一段時間的尿液臭味（氨臭）
- 附著在馬桶上堆積的尿液（尿石）
- 洗手台附近的水垢

皮脂及排泄物汙垢

小蘇打

- 剛沾上的濺尿
- 附著的糞便
- 馬桶及馬桶蓋上的皮脂
- 馬桶裡的擦拭清洗

馬桶內水的殺菌

過碳酸鈉

- 馬桶內殺菌

POINT

・小蘇打和酒精都能洗去皮脂及尿液汙垢，兩者都可以使用。
・不過小蘇打水不能放太多天，因此要每天使用噴霧的話，酒精會比較方便。

每天花3分鐘打掃

首先打掃室內

用過即丟的布

1 馬桶以外的地方一邊噴酒精一邊擦拭

門把

衛生紙架

酒精水

架子

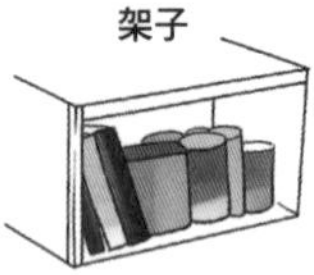

牆壁高低落差處

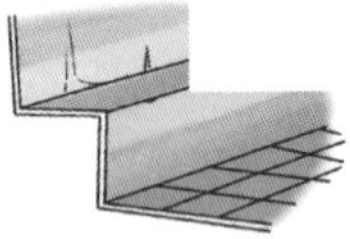

架子和牆壁高低落差處用水擦即可

2 擦一下洗手處

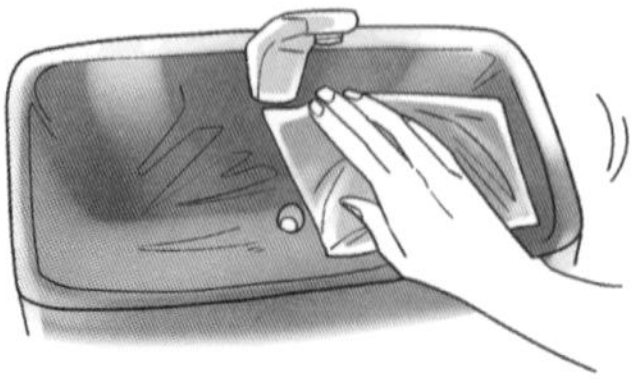

3 最後擦地板和馬桶下段

馬桶和地板交界處很容易有髒汙

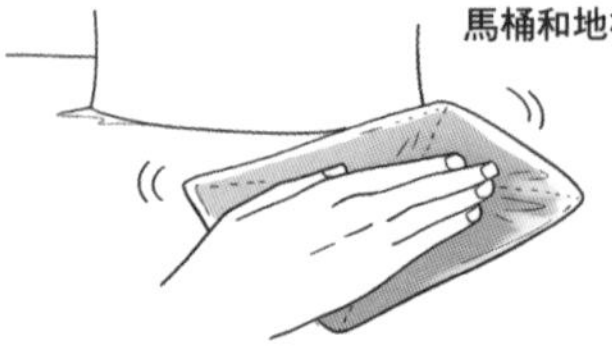

使用物品

酒精水

也可以用來殺菌，因此要裝在噴霧瓶當中，平時就放在廁所裡

用過即丟的布

毛巾剪為32分之1大小1張

最後清潔馬桶本身

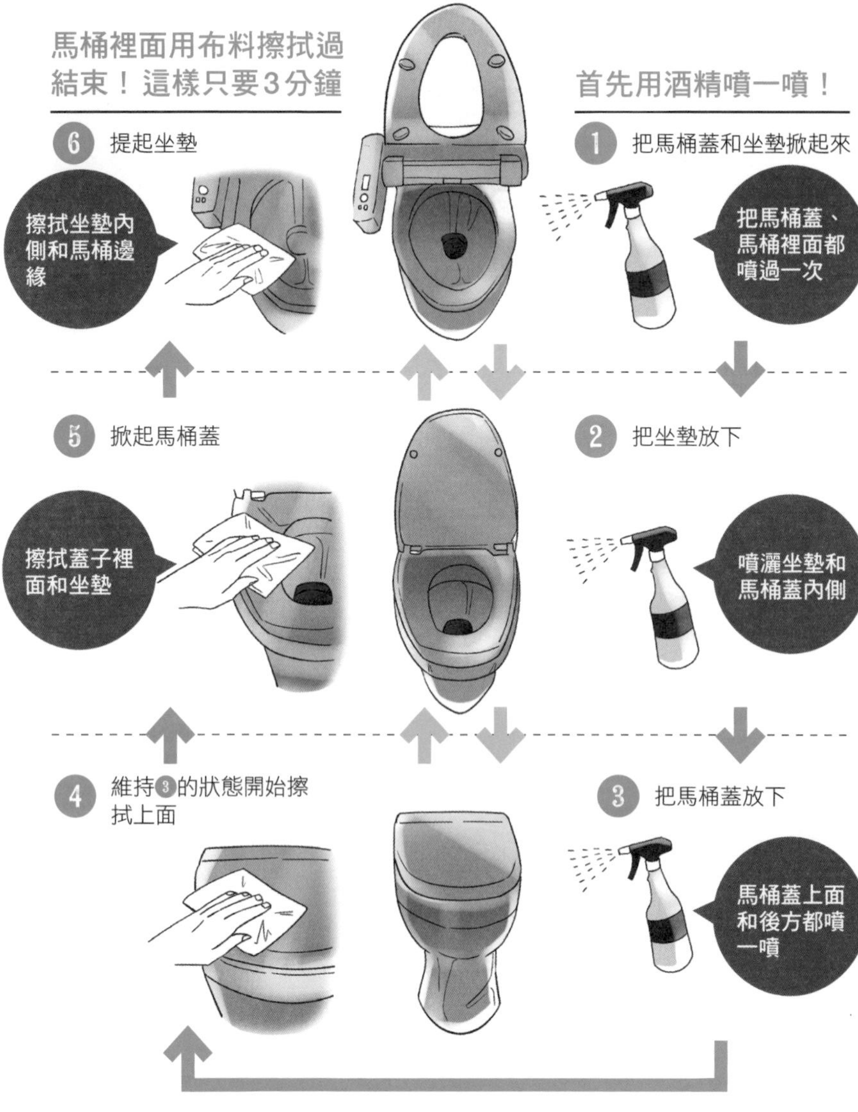
首先用酒精噴一噴！
1 把馬桶蓋和坐墊掀起來
把馬桶蓋、馬桶裡面都噴過一次
2 把坐墊放下
噴灑坐墊和馬桶蓋內側
3 把馬桶蓋放下
馬桶蓋上面和後方都噴一噴
4 維持3的狀態開始擦拭上面
5 掀起馬桶蓋
擦拭蓋子裡面和坐墊
6 提起坐墊
擦拭坐墊內側和馬桶邊緣
馬桶裡面用布料擦拭過結束！這樣只要3分鐘

馬桶內部

使用物品

過碳酸鈉
預防黑色圈圈等髒汙及殺菌

小蘇打
這裡是作為研磨劑使用

檸檬酸
如果非常在意尿石，就用檸檬酸包覆

其他使用物品…
用過即丟的布料、
廚房紙巾

- 只要有好好做「每天3分鐘打掃」，使用清潔劑來打掃馬桶內側大概每週1～2次就夠了。

- 圓圈型髒汙用過碳酸鈉包覆、尿石用檸檬酸包覆、比較淡的髒汙就用小蘇打研磨。

檸檬酸包覆

去除馬桶內側頑固的茶色汙垢

1. 在有尿石之處噴上檸檬酸之後貼上衛生紙。
2. 在衛生紙上再噴檸檬酸，等待5～10分鐘。
3. 拿掉衛生紙以後，使用美耐皿海綿等工具來擦拭清洗。

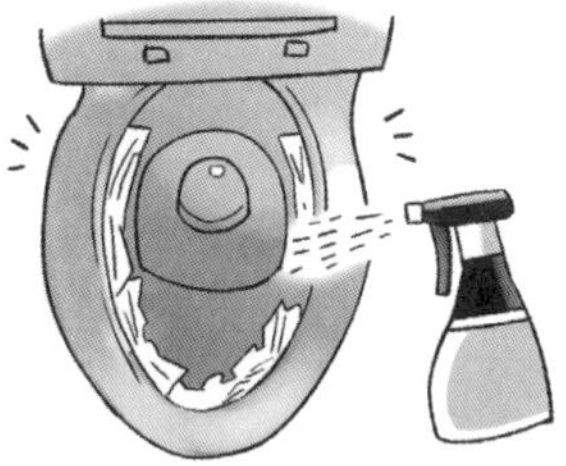

小蘇打研磨打掃

馬桶內汙濁的汙垢清潔溜溜

1. 灑在用過即丟的布料上，擦拭清潔。

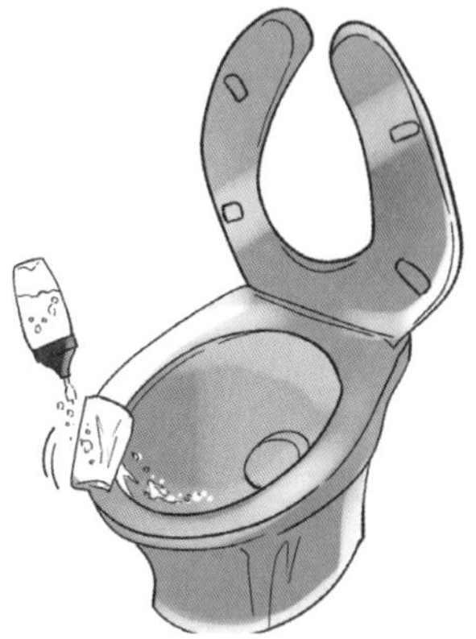

過碳酸鈉包覆

晚上包著，早上沖掉就清潔溜溜

1. 在馬桶裡放入1大匙過碳酸鈉。
2. 在形成圓圈型汙垢處蓋上衛生紙。
3. 早上沖掉。

出外旅行、家中無人的時候，可以這樣放著，預防黑色「圓圈髒汙」的形成。

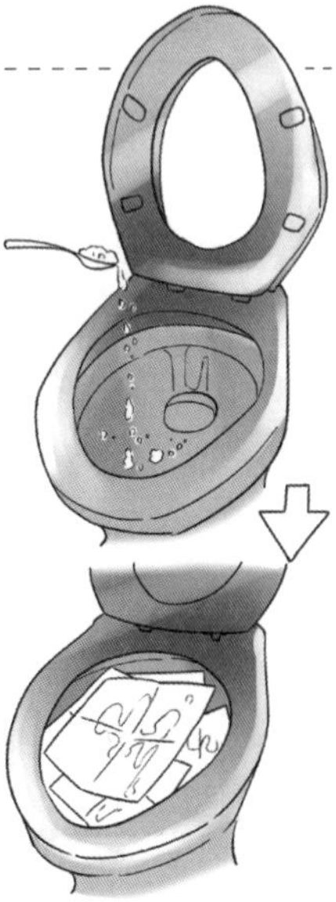

洗手處

大掃除　容易堆積的水垢用檸檬酸打掃

1. 將檸檬酸水噴在整個洗手處。
2. 用打濕過後擰乾的纖毛抹布好好擦拭。
3. 要擦到檸檬酸沒有任何殘留才可以沖水。

檸檬酸流到馬桶水箱內的話，會造成故障！

使用物品

檸檬酸水

如果有白色硬梆梆的水垢，就噴上濃度1%的檸檬酸水

纖毛抹布

好好擦乾檸檬酸

每天
掃除

每天3分鐘打掃之最後擦一下清潔

噴頭

1. 慢慢把噴頭拉出來。
2. 整體用布料擦過。

可以使用衛生紙或者是濕紙巾嗎？

不建議使用衛生紙。纖維太硬、容易損傷塑膠（馬桶坐墊、馬桶蓋、噴嘴）。如果有損傷的話，會很容易附著細菌，造成黑色汙垢。如果是水分已經蒸發掉的濕紙巾，只要噴上酒精就能使用。若是要直接使用濕紙巾，請選擇沒有添加界面活性劑或者香料的產品。

使用物品

用過即丟的布
將汙垢擦掉後就丟掉

氨臭

✹ 如果打掃好馬桶，廁所仍有很重的味道，那麼原因就在牆壁及地板！

✹ 氨臭的原因在於已經過一段時間的濺尿。請去除濺尿。

使用物品

檸檬酸
已經過了一段時間的尿液汙垢，需要使用酸性清潔劑

鏟子
用來刮頑固的尿石

如果找不到汙垢的原因……

用黑光照一照就能發現！

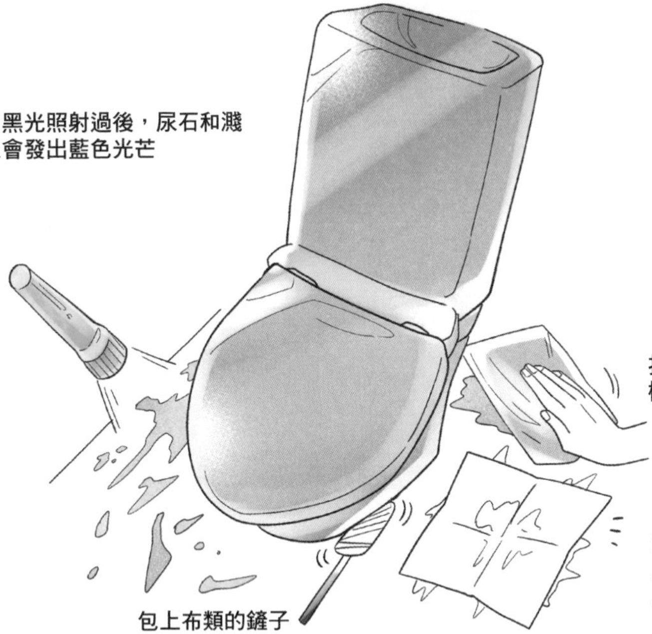
找到以後就用檸檬酸擦拭
頑固的汙垢用檸檬酸包覆，之後再鏟起來
包上布類的鏟子很好用

照一照飯店的廁所會發現……

以前曾經有電視節目做過一個實驗，內容是關於「男性站著上廁所的時候，朝著哪裡尿比較不會有濺尿」。結果……不管怎麼做、試了幾次，尿都會飛到比頭還高的地方。

剛從身體裡排出沒多久的尿液，能用小蘇打水或者水擦乾淨，但是若沒發現它，大概過了一星期左右，就會變成氨而發出惡臭。這樣一來就需要酸性清潔劑了。

用黑光照射，馬上就能發現濺尿。有很多人告訴我：「照過一次給老公看之後，他就乖乖坐著上廁所了」、「兒子變得會自己打掃」。我由於工作的關係，出差都會帶著黑光燈，有一次因為好奇就拿來照了飯店的廁所。結果……真是令我後悔不已。

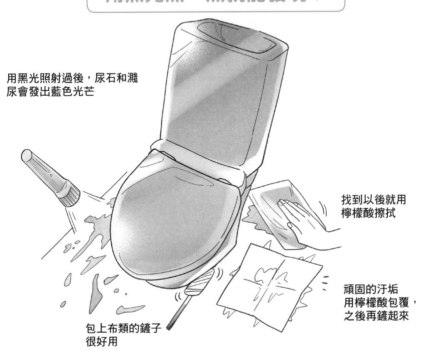

玄關的髒汙不需要用清潔劑
請讓吸塵器工作

正因為是作為門面的玄關，希望能每天都能乾乾淨淨

不需要清潔劑的汙垢當中，最具代表性的就是灰塵，除此之外還有沙子、泥巴、泥土等。就算用了清潔劑，去除的情況也是差不多，弄濕以後還要擦乾更累人。因此玄關、陽台、窗戶等對外之處的汙垢，就保持原先狀態，用物理方式去除即可。

「這樣說的話，就是用室外用的掃把囉？」大家都會這麼問，但其實我並不推薦使用掃把。掃地的時候要不讓沙子灰塵飛起，是需要技巧的。而且大家都有室外用的掃把嗎？買了之後有地方放嗎？

我建議使用紙袋式的吸塵器。如果是旋風吸塵器，那麼要保養吸塵器也非常辛苦，使用紙袋式的話就不需要太煩惱了。可以購買玄關或者室外專用的吸頭，依照需求更換吸頭就好，我想這應該是最輕鬆的方式。

玄關的汙垢有哪些？

門鈴
皮脂
土、砂、泥
灰塵
門
土、砂、泥
灰塵
皮脂（手垢）
櫃子上
灰塵
鞋櫃
黴菌、細菌
土、砂、泥
灰塵
地板
土、砂、泥
灰塵

每天花3分鐘打掃

首先使用吸塵器

1 將紙袋式的吸塵器吸頭換成「玄關用」。

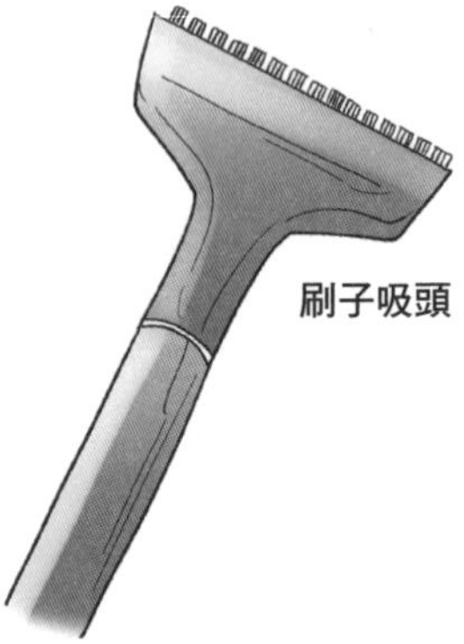

2 用吸塵器吸踏腳處。

3 一路吸到玄關外面。

使用物品

紙袋式吸塵器

就算吸到沙子或塵土，也都會留在紙袋中，令人安心

玄關用吸頭

只有吸頭換成玄關專用的

其他使用物品⋯
用過即丟的布料

接下來開始擦拭打掃！

1 以水打濕用過即丟的布。

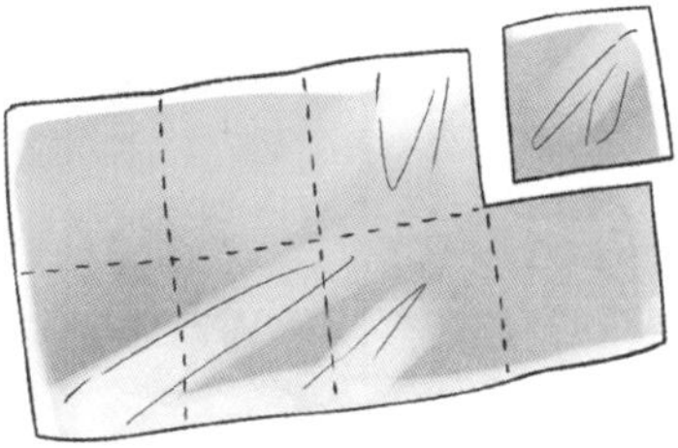

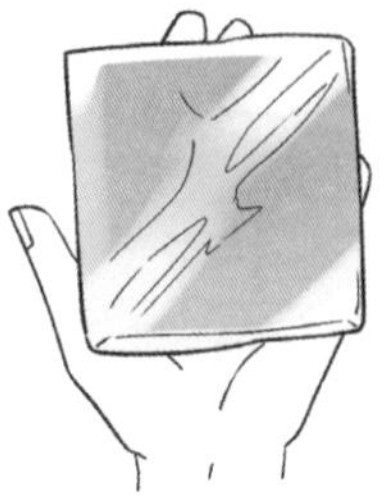
尺寸大概
是這樣

舊毛巾等。尺寸是洗臉毛巾的⅛ 。

2 玄關的門把、櫃子、玄關各處等，使用布來擦拭。

3 最後擦裡面的踏腳處就結束了。

只有沙子或泥土
的話，用水擦就

POINT

- 不要把鞋子放在玄關。沒有鞋子，打掃起來就會很輕鬆。
- 下雨之後若有泥巴般的足跡，就沖水用刷子或海綿刷洗。

玄關大門

外側是沙塵，門把上則有很多手垢。

其實還挺髒的！

基本上用水擦。

皮脂汙垢的部分噴上酒精水。

使用物品

酒精水

門把及門鈴的皮脂、手垢

纖毛抹布

不容易起毛，擦完之後非常乾淨

每天
掃除

有空閒的時候花3分鐘打掃可以從容一些

1. 如果門把的髒汙狀況明顯，就噴上酒精水後以纖毛抹布擦拭。
2. 門鈴以打濕過並擰到非常乾的纖毛抹布擦拭清潔。
3. 最後用擰乾的纖毛抹布先擦內側，再擦外面。

回到家來最初碰到的地方更應該乾乾淨淨

要開運，最有效果的似乎就是打掃。運氣會不會變好我是不知道，但我能肯定心情會變好。

也許有些人是因為客人要來才打掃，不過我是為了家人和自己而打掃的。工作結束以及下課回到家來，最先見到的就是家門玄關，先碰到的也是玄關大門的門把。這裡如果很乾淨，就會令人感到安心。

早晨打掃基本上是花3分鐘，不過如果有空閒的話，我會花個5到10分鐘。剛進大門就是小型的階梯，因此我會從階梯上一路擦下去，最後再擦玄關。然後是玄關踏腳處。擦到這裡，就會覺得家裡的空氣流通變好了。

「看來運氣還是會變好嘛！」這麼一想我就覺得很幸福。

鞋櫃

每天掃除　平常用吸塵器來吸灰塵

每天打掃的時候順便吸一下鞋櫃。如果鞋子後面很髒，就以用過即丟的布料擦乾淨後收好。

大掃除　偶爾使用酒精殺菌

如果有濕氣，皮鞋可能會發黴。需要擦拭清潔的話，就用乾的布料噴上酒精水來擦拭。

使用物品

酒精水

不能留下濕氣，因此使用揮發性高的酒精

用過即丟的布

以乾燥狀態使用

紙袋式吸塵器

吸走灰塵及沙子

運動鞋、布鞋

如果發現骯髒的布鞋就洗一洗

1. 在水桶裡放熱水6ℓ，加入過碳酸鈉及肥皂各1大匙，讓鞋子浸泡1小時。

2. 用刷子沾肥皂，刷洗鞋子後沖洗乾淨。

3. 如果肥皂沒有沖乾淨，會造成黃斑。在水桶中裝熱水和檸檬酸1小匙，浸泡鞋子。

※只有不會掉色的鞋和白鞋可以這樣處理。皮質的鞋子不可以水洗。

使用物品

肥皂

最適合用來去除皮脂的清潔劑

過碳酸鈉

漂白力很強，能讓鞋子的黑色痕跡乾淨溜溜

檸檬酸

這樣能徹底洗淨肥皂且有潤絲效果

其他使用物品…
刷子

窗戶玻璃

✹窗戶外側有汽車廢氣、內側則是手垢。窗戶的油汙使用小蘇打較為有效。

✹太陽大的時候比較容易乾，小蘇打粉末也會浮上來。最後要用水收尾。

✹容易結露的窗戶很容易長黴，要噴上酒精水擦拭。

使用物品

小蘇打水
噴上1%的小蘇打水

纖毛抹布
擦窗戶時不可或缺的方便工具

刮刀
一口氣刮乾玻璃上的水，非常方便

其他使用物品…
酒精水

大掃除

噴上小蘇打水打濕窗戶，用刮刀刮乾水

窗戶內側

1. 將小蘇打水裝在噴瓶當中，噴滿整個窗戶。
2. 用刮刀刮過以後，以纖毛抹布將水分完全擦乾。
3. 容易結露的窗戶噴上酒精水後擦乾。

慣用右手者
手要從右邊往左邊

窗戶外側

1. 淋上水以後用刮刀刮去沙子、泥土。
2. 會將水彈開的油汙，使用浸泡過小蘇打水的纖毛抹布擦拭。

大掃除 定期吸一下陽台的垃圾

陽台也建議用吸塵機

除了沙塵和落葉以外，也有很多洗
好的衣服上掉下來的灰塵。

泥巴就灑水後用刷子刷洗

使用物品

紙袋式吸塵器
裝上陽台用的吸頭

浴室用刷
握柄短的刷子拿來掃陽台

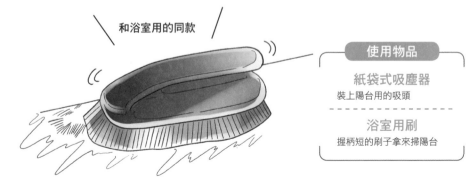

大掃除

天氣好的日子
一起清一清非常舒服！

窗溝

1. 用2ℓ的寶特瓶裝水，倒進溝槽當中。
2. 用刷子將砂礫、泥巴和灰塵都刷起來。
3. 再倒2ℓ的水將汙垢沖走。
4. 最後用纖毛抹布擦乾。

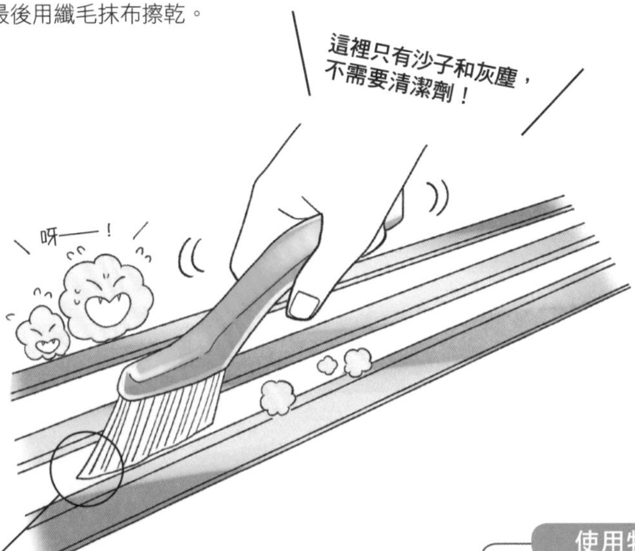
這裡只有沙子和灰塵，
不需要清潔劑！
呀──！

使用前端斜斜突出的刷子

NG 不可以用牙刷

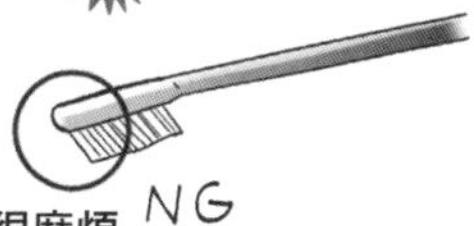
這裡很麻煩
NG

使用物品

較細的刷子
前端突出的款式

纖毛抹布
最後擦拭時使用

紗窗

在溫暖的日子與寒冷的日子，清理汙垢的困難度不同。

從單面壓紗窗會造成凹陷，因此要用兩條抹布壓著，使用均等的力量擦拭。

使用物品

小蘇打水
在水桶中製作大量的1%小蘇打水

纖毛抹布
以極細纖維抓取紗窗狹窄縫隙間的汙垢

大掃除

用2條抹布夾住紗窗。由上往下移動

1. 在水桶中製作1%的小蘇打水，打濕纖毛抹布後擰乾。
2. 兩手各拿一條抹布，夾住紗窗內外，由上往下擦拭。

也別忘了擦紗窗框

也從這邊　　從這邊

沙塵、花粉、油汙…紗窗其實很髒

紗窗雖然將室內與戶外隔開，但能夠讓空氣流通。紗窗內側和外側都會沾附髒汙，而且因為紗窗的網目很細小，因此汙垢會卡在裡面、不容易清理。

也許有很多人是「年底大掃除的時候再來清理」，但紗窗最能派上用場的時間是夏季，如果只在冬天清理一次，那麼到夏天的時候已經又累積了一堆汙垢。再說，頑固的汙垢在冬天的低溫當中是非常難以去除的。

初夏時節比較適合大掃除。使用兩條浸泡過小蘇打水的抹布，夾著來擦拭紗窗，紗窗就不容易變形。抹布要準備10～20條，髒了以後就直接換新的擦。結束之後再一起用洗衣機洗，這樣就很輕鬆。清乾淨一次以後，要再清理也比較輕鬆。在使用紗窗的時期，每個月擦1～2次吧。

PART 7

客廳與寢室
舒適萬分

關上心門的時候，
希望空氣是清淨的。
這不是為了其他人，而是為了自己。
今天的我辛苦了。
明天的我，再一起加油吧。
能夠這樣想，
一定是因為在最愛的房間裡休息。
為了能度過舒適的時間，
一定要每天打掃。

客廳的汙垢是從廚房來的？寢室的黴菌是從浴室來的？

「乾淨」或「骯髒」都是一種連鎖

如果想要維持客廳乾淨，那麼就把廚房的換氣扇清得亮晶晶吧。如果希望解決寢室內的過敏源問題，那就先撲滅浴室中的黴菌和細菌吧。家裡的汙垢全部都是互相關聯的。

如果怠於清掃廚房的換氣扇，那麼它就無法再為大家排出骯髒的空氣。這樣一來，廚房當中產生的油汙、蒸氣就會擴散到客廳或者走廊，附著在地板以及牆壁上，灰塵會變得非常頑固，也會覆蓋在空調的濾網上。浴室的黴菌和細菌也是，會在空氣中飄浮，尋找家裡「有濕氣、有汙垢、有點溫暖的地方」然後定居。比方說像是衣櫃裡面、壁櫥裡頭，或者朝北的窗戶。

骯髒會形成一種連鎖。相同的，乾淨也是一種連鎖。試著照先前介紹的打掃方式做一下，說不定就連客廳和寢室也會變乾淨唷。

客廳的汙垢有哪些？

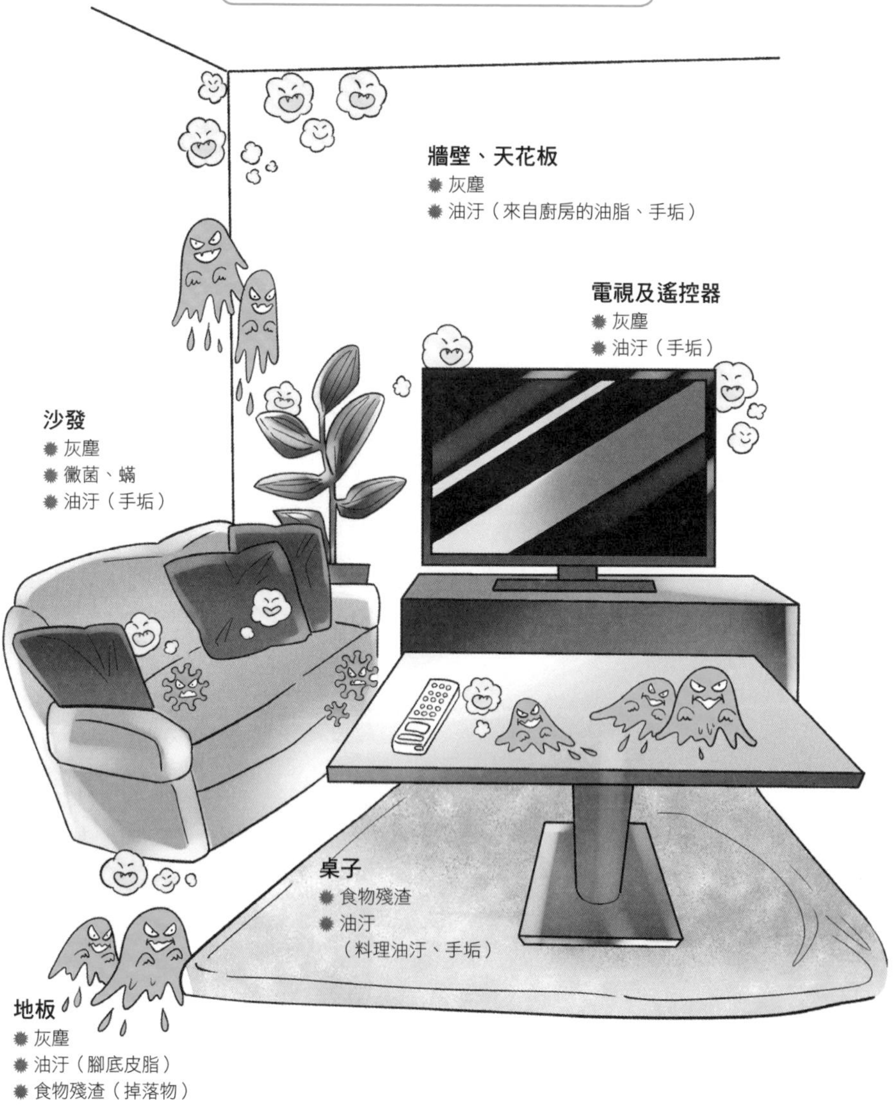
牆壁、天花板
✹ 灰塵
✹ 油汙（來自廚房的油脂、手垢）
電視及遙控器
✹ 灰塵
✹ 油汙（手垢）
沙發
✹ 灰塵
✹ 黴菌、蟎
✹ 油汙（手垢）
桌子
✹ 食物殘渣
✹ 油汙
（料理油汙、手垢）
地板
✹ 灰塵
✹ 油汙（腳底皮脂）
✹ 食物殘渣（掉落物）

室內清潔規則

不讓灰塵堆積在地板上是最優先的課題

基本是這些

- 每天一定要做的就是打掃灰塵。不需要清潔劑。
- 應該定期做的是擦拭清潔。這是為了去除油汙。
- 濕氣是黴菌源頭。擦拭清潔不可以留下水分！

打掃牆壁及地板使用的是這些

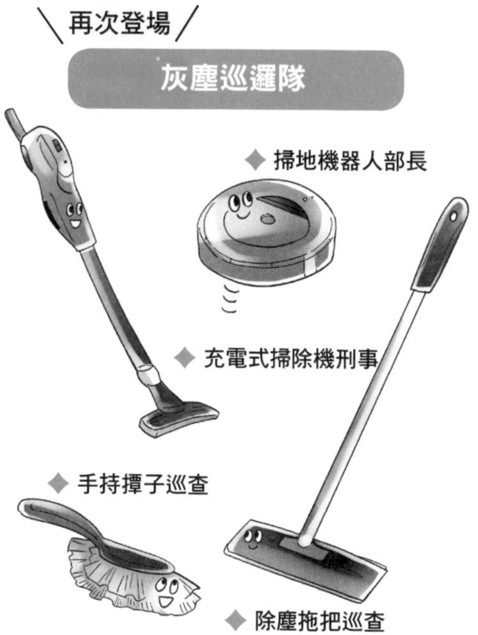

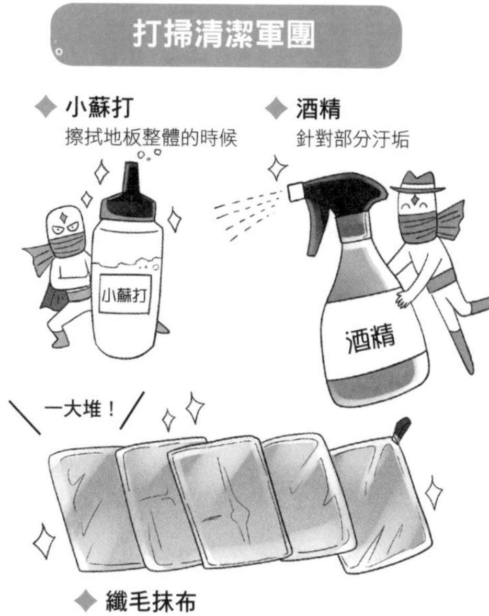

只要能保持地板清潔 家裡就會非常清爽

若問客廳&寢室清潔最優先的課題為何？我會回答是「將地板弄乾淨」。

每天用吸塵器吸一吸（這個我就交給掃地機器人了），經常用除塵拖把或者水擦拭，那麼高處的灰塵也會變少。由於漂浮在空氣中的灰塵變少，換氣口和空調的濾網也就不容易髒掉。

有些人會問我：「那麼只要每天用吸塵器吸過就可以囉？」答案是否定的。

如果赤腳走在瓷磚地上，那麼腳底的皮脂就會沾附在地板上；吃東西的時候碎屑掉到地上、來自餐廳的油汙也會附著於地板。因此打掃地板，擦拭清潔是不可或缺的。適合經常用來擦拭的就是纖毛抹布。只要用水擦一擦，效果就很好。

地板

- 擦拭大範圍面積的話就用小蘇打水。好好量測、確保濃度為1%。
- 準備10條以上的纖毛抹布，省去途中要洗抹布的麻煩。
- 如果只有部分汙垢，用酒精快速擦過較為簡單。

使用物品

小蘇打水
用1%的小蘇打水就不需要再次擦拭，也不會浮出白色粉末

酒精水
可以融化油汙，但不適合用於上蠟的地板

纖毛抹布
能以極細纖維抓住汙垢

其他使用物品…
免洗筷

讓客廳地板輕鬆變乾淨的訣竅

❶ 所有抹布都用小蘇打水打濕擰乾

如果地板擦到一半要去清洗能比較快處理完。手部肌膚也比較不會變粗糙。

準備

- 室內先用吸塵器吸過一遍。
- 將5小匙小蘇打放入40℃的溫水2ℓ當中，製作小蘇打水。若將水放在洗臉台中來製作，清洗也很輕鬆。

❷ 從房間右後方開始擦起（若慣用右手）

如果抹布變黑了、有汙垢就換新的抹布。請經常性使用乾淨的抹布。

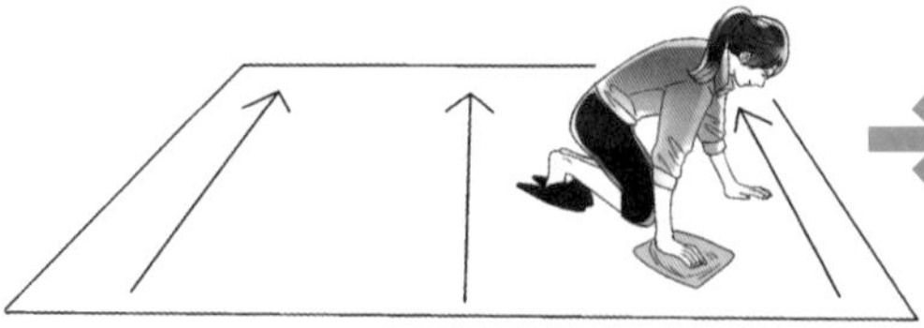

❸ 如果地板角落或者溝槽有髒汙，就用免洗筷

捲起抹布磨擦。

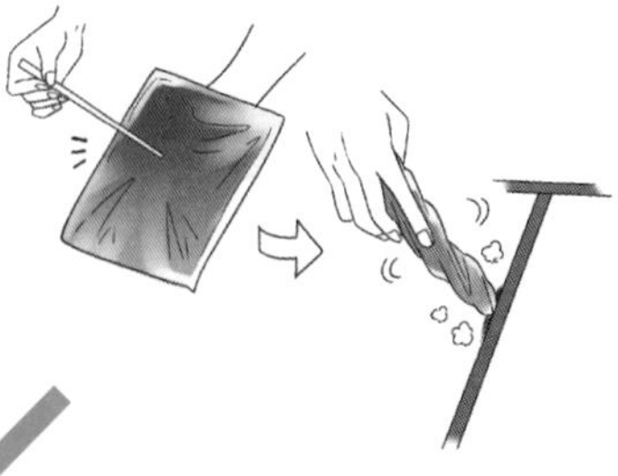

❹ 擦完以後先用一開始製作的小蘇打水沖洗，最後將所有抹布用洗衣機清洗並風乾

牆壁

※僅限於壁紙類

使用物品

除塵拖把
高處的灰塵也能輕鬆處理

小蘇打水
使用不需要再次擦拭的1%小蘇打水

酒精水
容易沾到手垢的地方用酒精

其他使用物品…
纖毛抹布、
美耐皿海綿

- 持柄長的拖把能夠抓取高處的灰塵。
- 要擦拭大範圍面積的話，就用小蘇打水泡過的抹布擦拭。部分髒汙用酒精水比較方便。
- 黑色痕跡或者頑固汙垢用小蘇打水包覆。

牆壁油汙

使用浸泡在小蘇打水後擰乾的纖毛抹布

如果要擦拭大範圍面積，與其一直噴酒精水，還不如用泡過小蘇打水後擰乾的抹布擦拭比較快。高處的汙垢可以把抹布包在除塵拖把上去擦拭。

去除高處灰塵

看不見的地方用手機照一下

高處的灰塵就算踩在台子上也還是看不到。如果很在意的話，就站在台上伸直手，拍照確認。如果有灰塵，就用除塵拖把擦乾淨。

換氣口周邊汙垢

和廢氣混合之後會變很黑

如果只是灰塵，那麼用水打濕過的纖毛抹布就能擦掉。和廢氣混合以後變黑的話，就用酒精水來擦拭。如果還是擦不掉，就用美耐皿海綿輕輕磨擦。

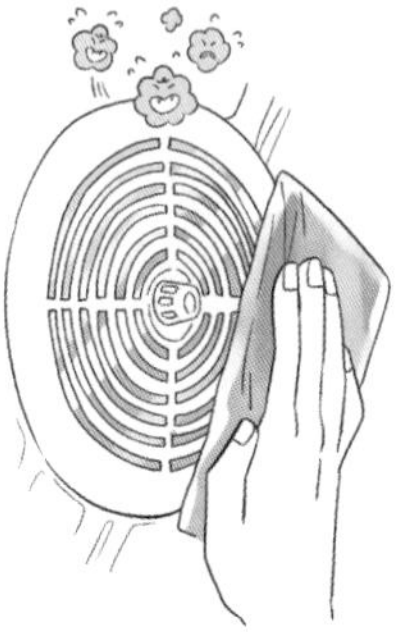

電燈開關

用酒精水擦去手垢及皮脂

手垢及皮脂為酸性汙垢，用小蘇打或酒精都OK，不過開關有通電，如果碰到水可能會故障，因此建議使用揮發性較高的酒精水，噴在乾的纖毛抹布上來擦拭。

榻榻米、地毯

榻榻米

鹼性清潔劑會造成變色
用酒精水快速擦過

以擰到很乾的纖毛抹布噴上酒精水來擦拭。如果有很在意汙垢的地方，就將酒精直接噴在該處，會比較好清理。將酒精水噴在榻榻米的邊緣，用細小的刷子將汙垢刷出來。小蘇打等鹼性清潔劑會造成榻榻米變色。

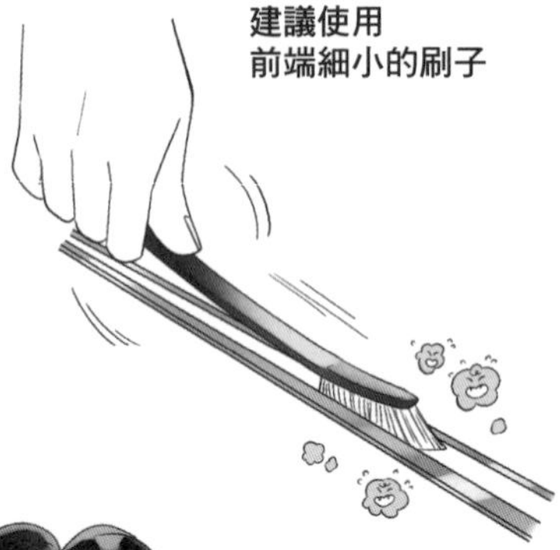

地毯

糾纏纖維的細菌
也用酒精處理

與榻榻米相同，使用擰到很乾的纖毛抹布噴上酒精水，用拂過表面的方式擦拭。汙垢非常嚴重之處，就直接噴上酒精水，讓汙垢浮出，以纖毛抹布擦拭。

使用物品

酒精水
濕氣殘留會造成發黴。使用揮發性高的酒精

纖毛抹布
噴上酒精以後擦拭清潔

其他使用物品…
刷子

壁櫥、衣櫥

大掃除　在換季的時候將裡面的東西都拿出來擦拭清潔

一開始先用吸塵器
放在裡面的棉被及衣服
全部拿出來
由上往下、
自內向外一路擦出來
使用乾的纖毛抹布
浸泡酒精後擦拭

使用物品

酒精水
以酒精預防黴菌汙垢

纖毛抹布
浸泡酒精後擦拭

是否塞到滿滿滿？

壁櫥及衣櫥也要擦拭清掃！每當我這麼說，就會被問「要擦哪裡？」也就是因為放了太多東西，根本沒有可以擦的地方。

沒錯，請將東西全部拿出來。首先用吸塵器吸過，然後擦拭清潔。擦的時候絕對不可以用水。這裡都是放一些容易吸取濕氣的東西（棉被或者衣服），因此很容易留住濕氣，導致發黴。

壁櫥及衣櫥能夠使用的清潔劑，就只有酒精。酒精揮發性高，馬上就會乾燥，並且也有殺菌功效，可以預防發黴。

另外，為了避免黴菌及細菌孳生，請盡可能經常打掃灰塵。

家具清潔規則

務必要先確認這是能用清潔劑的材質嗎？

基本概念

- 非常容易沾附灰塵，養成每天用手持撢子揮一揮的習慣。
- 如果要使用清潔劑，務必先確認材質。
- 有上漆或者上蠟的家具，不要使用酒精。
- 無法用酒精去汙的話，就使用小蘇打水。

桌子

每天
掃除

養成餐前餐後
噴上酒精水擦拭的習慣

噴上酒精水後
用擰乾的抹布擦拭
若是桌子上有漆這類
塗料的話
就不能使用酒精

使用酒精
連油性筆都能擦掉

除了用餐以外，餐桌也可能拿來作為念書或者畫畫的場所，因此汙垢的種類也非常五花八門。基本上使用以水打濕後擰到相當乾的抹布擦拭即可，但若油汙及手垢相當嚴重，就用酒精來擦吧，這樣連原子筆或者蠟筆的痕跡都能擦掉。在買新桌子的時候，建議選擇耐酒精的款式。

使用物品

酒精水

殺菌效果強，可以融化油汙，最適合用來處理放食物的場所

抹布

放置食物的場所使用天然素材製成的抹布。可以水煮保持清潔

餐具櫃

每天掃除　餐具放在原位，以撢子擦拭

每天巡視灰塵的時候，順便用手持撢子揮一揮餐具櫃。由於有靜電，灰塵不會飛起來，因此餐具擺在裡面也沒關係。

將撢子伸進餐具縫隙之間擦拭

大掃除　將餐具拿出來以小蘇打擦拭，完全乾燥後再放回去

浸泡在小蘇打水中，要擰到很乾

大掃除的時候要把餐具全部拿出來，以浸泡過小蘇打水後擰到很乾的抹布來擦拭。用來放餐具的地方以小蘇打水擦拭非常安全。殘留濕氣會造成發黴，因此要等完全乾燥後再將餐具放回去。

使用物品

手持撢子

平常去除灰塵

小蘇打水

使用不需要再次擦拭的小蘇打水擦拭整個櫃子

沙發

使用物品

酒精水、吸塵器

如果汙垢非常明顯，就用酒精水擦拭

沙發是非常容易堆積灰塵及食物殘渣的地方，最好經常用吸塵器吸一吸。如果布料沙發有汙痕的話，就噴上酒精溶解汙垢，再用乾的布料擦掉。皮製沙發就用專用清潔劑。

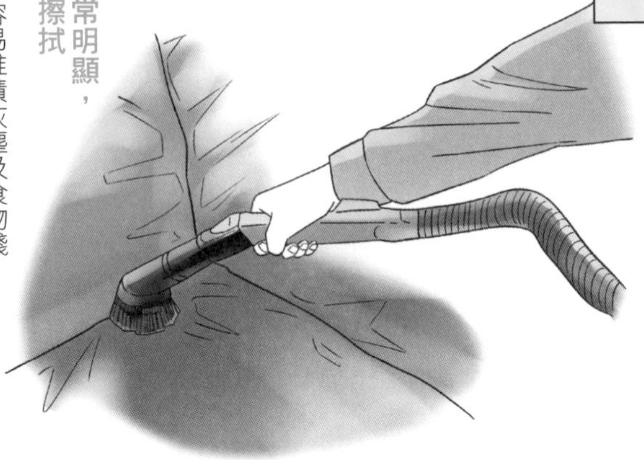

觀葉植物

使用物品

手持撢子

在葉片充滿灰塵前就要擦一擦

觀葉植物的葉片上很容易沾附灰塵，因此要經常用手持撢子擦一擦。這樣植物也會因為呼吸順暢而生氣蓬勃。盆栽周圍會有落葉或者砂土，因此要定期移動盆栽、用吸塵器清理。

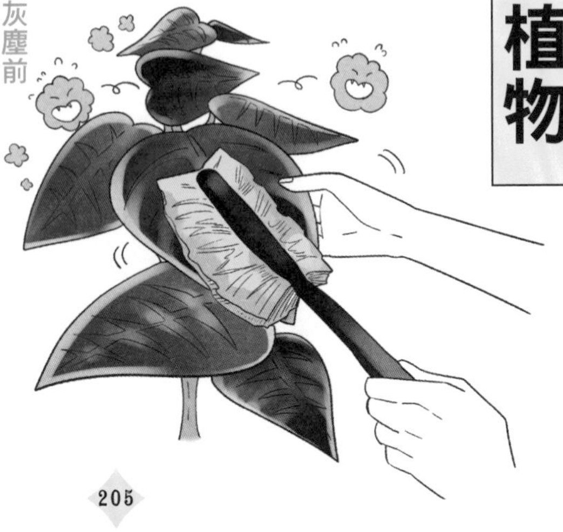

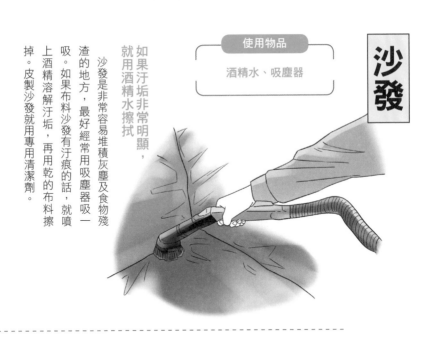

家電清潔規則

潑到水會造成故障
通電部分請使用酒精

基本概念

- 碰到水就會故障！能夠使用的清潔劑只有酒精。
- 絕對不要直接噴酒精。噴在乾的抹布上再擦拭清潔。
- 能拆下來的零件拿去清洗也沒問題。

燈具

每天掃除

拆下燈罩、用酒精擦一擦封膠處

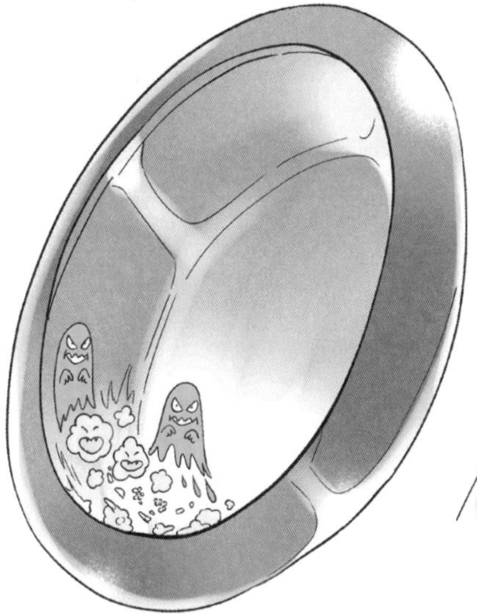

燈罩上會附著油汙，
用肥皂好好清洗，
完全乾燥後再裝回去

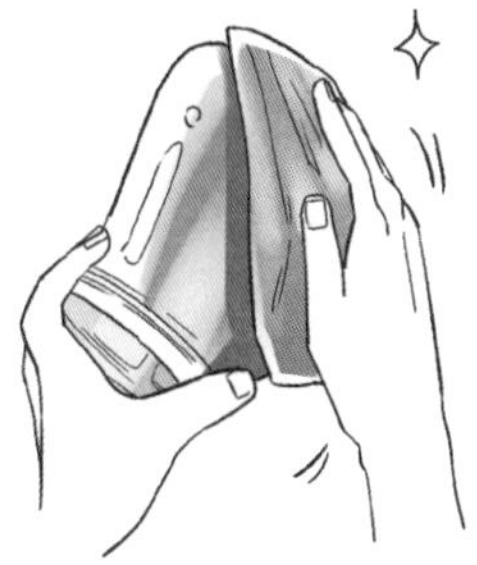

燈具本身使用
噴上酒精的乾抹布來擦拭

正因為是LED的時代更別忘了清掃

以前都是使用螢光燈，因此換燈泡的時候通常會順便清理一下。現在主流則是不需要更換的LED，也許有人連燈罩都沒有拆過吧。但是，裡面很可能會有小蟲子的乾屍，也會沾附油汙及灰塵，最好還是一年清理個2次吧。將汙垢打理乾淨以後，燈光也會變得更明亮。

使用物品

酒精水

擦拭燈具本身，要使用高揮發性的酒精

肥皂

能拆下來的燈罩就用肥皂清洗

其他使用物品…
纖毛抹布

清潔濾網

如果是頑固的汙垢，就用肥皂好好清洗

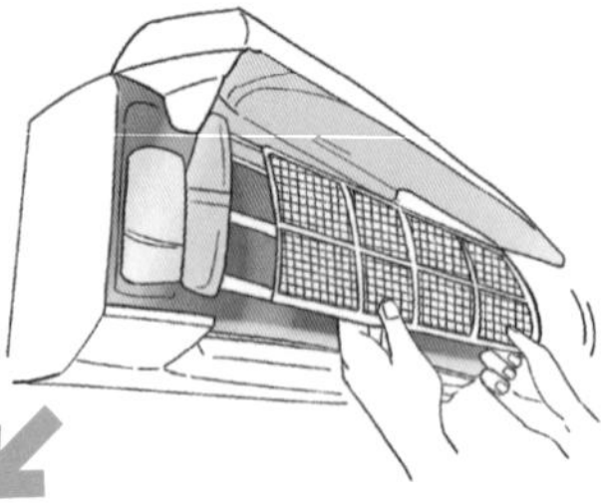

1 將濾網取下。

2 用吸塵器吸取濾網上的灰塵。

3 如果有吸塵器吸不掉的汙垢，就在整體淋水打濕之後，以沾了肥皂的刷子起泡刷洗，並沖洗乾淨。

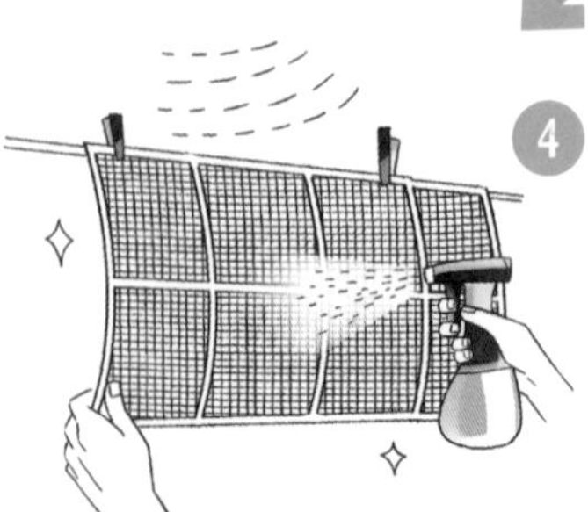

4 噴上酒精水後風乾，等到完全乾燥後再放回去。

使用物品

吸塵器

濾網的灰塵用吸塵器吸乾淨

肥皂

拆下來的濾網就用水和肥皂清洗

酒精水

擦拭機器本身的時候使用揮發性高的酒精水

清潔機器

能夠自己清掃的只有外側與蓋子

❶ 打濕纖毛抹布之後好好擰乾，噴上酒精水。

❷ 用❶的抹布擦拭空調表面的灰塵以及油汙。

❸ 用❶的抹布擦拭蓋子內側。

「每2週清洗一次濾網」的意義

我向電器行詢問空調的濾網大約多久清理一次比較好，答案是「2週一次」。

空調畢竟是讓空氣循環的機器，因此室內的汙垢會集中在該處。如果廚房換氣扇變得很髒，那麼烹調時產生的油及水蒸氣就會流向客廳，加上地板灰塵揚起的話，說不定一星期清一次濾網都還不太夠。不過，沒有灰塵也沒有油汙的房子裡，1個月清一次可能也太過頻繁。因此我在想，「2週一次」就是平均值吧。

定期清潔濾網，是可以實際感受到「我家空氣大概有這麼髒」的好機會。讀了這本書以後，如果需要清洗濾網的頻率變低了，那就太令人高興了。

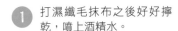

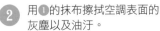

電視、電腦螢幕

每天掃除　經常清理灰塵，畫面上的皮脂用酒精處理

直接噴在畫面上可能會融化

由於靜電的關係，灰塵會集中在電視周圍，電腦螢幕也是這樣。這裡是希望大家每天都用手持撢子揮一揮的地方，但是這樣沒辦法清得很乾淨，因此有時候要用噴了酒精水的抹布擦一擦，讓畫面亮晶晶。不過，直接把酒精噴在螢幕上非常危險，液晶可能會融化喔。

使用物品

手持撢子
擦拭畫面等處的灰塵

酒精水、纖毛抹布
使用噴了酒精水的抹布擦拭

遙控器

使用物品

酒精水、棉花棒、
纖毛抹布

按鍵間的縫隙用棉花棒打理

電視等機械的遙控器，很容易沾附手垢或者灰塵。將酒精水噴在纖毛抹布上擦拭以後，用浸泡了酒精水的棉花棒清理縫隙之間的汙垢。電腦的鍵盤也是用這個方法。

插座、電線

使用物品

手持撢子、酒精水、
纖毛抹布

插座的部分每天用撢子揮

插座和電源的周邊如果堆積許多灰塵，很可能引發火災，最好經常用撢子除去灰塵，並且不要讓插座隱身於家具之後。電線部分就用沾有酒精水的纖毛抹布抹過去。

加濕器、除濕機

加濕器打掃

汙垢是黴菌、細菌、水垢。維持清潔難如登天！

1. 將加濕器的零件全部拆下來清洗。
2. 將1大匙過碳酸鈉溶解在3ℓ熱水中，倒入儲水槽、托盤等部位，濾網也泡在裡面。放到水涼了以後再沖洗。
3. 如果有水垢，就浸泡在濃度1%的檸檬水當中，之後刷洗。
4. 噴上酒精水並待其完全乾燥。

2天就要讓內部完全乾燥1次！
如果內側已經滑溜溜，
就是細菌正在繁殖的證據！

使用物品

檸檬酸
加濕器裡硬梆梆的汙垢是水垢

酒精水
很容易繁殖細菌，因此必須殺菌

過碳酸鈉
殺死黴菌及細菌，並且同時漂白

其他使用物品…
吸塵器、肥皂

本橋家的加濕器

能夠輕鬆清洗的個人用加濕器

300mℓ大小

放入杯中

除濕機打掃

堆積的水很容易腐壞，請經常倒掉

1. 將除濕機中的水倒掉。
2. 拿出濾網，用吸塵器去除灰塵，必要的話就用肥皂清洗。
3. 將1大匙過碳酸鈉溶解於3ℓ熱水當中，倒入水槽中，泡到水冷卻。零件也泡在裡面。
4. 噴上酒精水，等待其完全乾燥。

除濕機的水是空氣中的水分。
由於不含氯，因此非常容易腐壞！

是否在空氣中狂灑細菌呢？

當我詢問：「你敢喝加濕器水箱裡的水嗎？」大多數人都會露出厭惡的表情。但實際上，大家卻全身沐浴在那可怕的水當中，還在呼吸之間將它吸入肺裡。

大概很少有人會經常清潔加濕器的水箱以及托盤內側，但仔細一看，會發現裡面已經滑滑的，甚至還長出黑色或紅色的黴菌。話雖如此，也不是持有者的問題，而是因為一般加濕器的形狀都非常難清潔。

我後來不再為整間房間加濕。因為我認為要清掃整台加濕器是不可能的任務。相對的，我很愛使用個人款式的加濕器。不管是水杯尺寸，或者是放進水杯裡的款式，都非常容易清洗。使用的當然也是能夠飲用的水。

布類物品清潔規則

以酒精和小蘇打擊退氣味

小蘇打對去除油汙氣味有效！

預防黴菌、細菌要用酒精！

但最棒的還是刷洗後風乾。

使用物品

小蘇打水

小蘇打水裝進噴霧罐當中

酒精水

裝進噴霧罐中使用

檸檬酸水

裝進噴霧罐中使用

窗簾

「有烤肉的味道！」的時候噴上小蘇打水

「預防因結露而發黴！」的時候噴上酒精水

除臭是緊急處理 可以的話還是要清洗

如果房間裡有股臭味，原因可能來自窗簾。根據不同的原因，緊急處置的方式也有所不同。如果是油汙就使用小蘇打水，是香菸氣味就用檸檬酸水。不管是哪種，都要噴到窗簾摸起來飽含水分。

預防結露造成發黴則要使用酒精。會結露的季節，建議每天都要拿酒精水將窗簾噴到飽含酒精水。

會大幅度左右房間氣味的，是窗簾、沙發、地墊等大型布料製品。在做完窗簾的緊急處置以後，也檢查一下其他布料製品吧。

最好的方法還是清洗後風乾。請在清洗前看看洗標，確認是否能夠在自家清洗。

寢具清潔規則

曬太陽&酒精&吸塵器是三大妙方

要保持寢具清潔，就是經常拿去曬太陽。

床罩選擇容易清洗、很快乾的款式、經常清洗。風乾以前噴上大量酒精水。

塵蟎的屍體和毛髮就用吸塵器吸起來。

使用物品

酒精水
預防皮脂及汗水產生細菌及臭味

吸塵器
用來處理灰塵及蟑螨

被子、枕頭

1. 枕頭套、被套要常清洗。
2. 噴上大量酒精水，量要多到覺得表面濕潤。
3. 放在太陽下晾乾。

床墊

1. 床墊表面的垃圾用吸塵器清除。
2. 拿下床套使其通風。

拖鞋

1. 將拖鞋內側噴滿酒精水。
2. 放在太陽下晾乾。

想知道更多！天然清潔Q&A

Q 小蘇打和檸檬酸等粉狀的清潔劑應該要如何保存呢？

A 請放到能夠確實密閉的容器當中

如果直接維持裝在袋子裡，很可能會有濕氣跑進去造成結塊，請換裝到可以密閉的容器當中。以我來說，小蘇打購買的是袋裝5～6kg，就裝到米缸當中。如果要分成小包裝，就會裝進瓶口狹窄、不容易有濕氣的「調味料瓶」當中，這樣使用時也不用手碰，非常方便。要分成小包裝的時候請使用漏斗。

Q 聽說過碳酸鈉不可以放在密閉容器當中？

A 因為會產生氧氣

只有過碳酸鈉在換裝到密閉容器以後，必須要多加注意，因為它會慢慢產生氧氣，因此至少每個月都要幫它放氣一次。如果是非密閉性容器，那就沒有關係了。

Q 天然清潔劑有定義嗎？

A 沒有，所以請不要受到既定概念影響

什麼樣的東西是天然清潔劑，這種定義並不存在。「自然的」、「天然」、「對○○溫和」、「無添加」等也沒有嚴密的規範。就算使用天然的植物油製作，商品是合成界面活性劑的話，那就還是合成清潔劑。與其看原料，還是請大家確認清潔劑的種類。

Q 我想買酒精，店家卻拿出乙醇。這是怎麼回事？

A 乙醇是酒精的一種

酒精的種類五花八門，乙醇是其中一種。我使用的是消毒用乙醇，殺菌效果非常好，而且揮發性也高、用起來很方便。也可以用不含水分的無水乙醇，但因為那比較貴，所以我用消毒用乙醇。

Q 不同清潔劑有不同的使用期限嗎？

A 如果維持在粉類狀態就沒有期限

這些清潔劑基本上都是不會腐壞的東西，因此沒有使用期限的問題。不過，溶解在水中後就容易腐壞。請以小蘇打1天、檸檬酸水2～3星期、酒精水大概3個月左右的時間來使用。

Q 打掃工具應該怎麼收納？

A 好好清洗風乾、不要隨手亂放

打掃工具在使用之後的處理非常重要。抹布類及刷子要用清潔劑清洗、好好風乾後，收在不會沾附灰塵的地方（衣櫃裡或抽屜當中）。以我來說，為了讓抹布不要沾染灰塵，會收在有蓋子的水桶裡。有蓋子的水桶能夠拿來存放東西，真的非常方便。

結語

我是在23年前開始採用天然清潔這種方式的。

由於我肌膚敏弱，又有異位性皮膚炎，

市售的清潔劑及化妝品刺激都過於強烈，

有很多是我不能使用的。

成為主婦，開始做家事的同時，

就開啟了我溫和對待手部肌膚的天然清潔生活。

在大學及進入社會後獲得的化學及清潔劑知識，與我的生活搭上線。

這個汙垢是從哪裡來的、是什麼樣的汙垢？這樣的話應該使用哪種清潔劑？

這樣一想，就覺得不需要那麼多清潔劑。

需要的是學校不會教的，也就是分辨汙垢的知識。

我發現只要有國中、國小學到的物理化學知識，
就能讓做家事變得不可思議地輕鬆。
將物理化學與家政結合在一起，明白這一點，家事就會有所改變。
正因為我很了解清潔劑卻討厭打掃，
才會思考如何輕鬆又有效率維持清潔。
也是因為這樣，我才會23年來一直使用天然清潔的方式。
一開始是為了保護自己的肌膚，才使用這樣的打掃方式，
現在我推薦給大家，
是因為這是花費時間少、效率好，能夠輕鬆打掃的方法。
對討厭打掃、生活忙碌的人來說，
天然清潔就是最好的選擇。

本橋ひろえ

北里大學衛生學部化學科（現為理學部化學科）畢業。進入化學類企業就職，於化學事業部負責水處理事業、化學藥品販售、合成清潔劑製造。結婚後成為家庭主婦，工作就是做家事。生下孩子後，由於孩子與自己一樣有異位性皮膚炎，因此以主婦身分重新提起對於清潔劑的興趣。以主婦的眼光看待打掃、洗衣、清潔劑等，開始以東京為中心，舉辦以科學方式解說天然清潔的講座，10年後已推廣至全國。目前致力於線上講座。著作有《ナチュラル洗剤そうじ術》等。

無毒居家清潔密技

出　　版／楓葉社文化事業有限公司
地　　址／新北市板橋區信義路163巷3號10樓
郵政劃撥／19907596 楓書坊文化出版社
網　　址／www.maplebook.com.tw
電　　話／02-2957-6096
傳　　真／02-2957-6435
著　　者／本橋ひろえ
翻　　譯／黃詩婷
插　　畫／つぼゆり
責任編輯／王綺
內文排版／謝政龍
校　　對／邱怡嘉
港澳經銷／泛華發行代理有限公司
定　　價／360元
初版日期／2020年12月

國家圖書館出版品預行編目資料

無毒居家清潔密技 / 本橋ひろえ作；黃詩婷翻譯. -- 初版. -- 新北市：楓葉社文化, 2020.12　面；　公分

ISBN 978-986-370-243-6（平裝）

1. 家庭衛生 2. 清潔劑

429.8　　109015564